丛书主编　孔　敏

高职高专计算机系列规划教材

•软件行业岗位参考指南与实训丛书

程序员岗位指导教程

杨　洋　主　编

南京大学出版社

图书在版编目(CIP)数据

程序员岗位指导教程 / 杨洋主编. — 南京 : 南京大学出版社, 2018.8

(软件行业岗位参考指南与实训丛书 / 孔敏主编)

ISBN 978-7-305-20658-0

Ⅰ. ①程… Ⅱ. ①杨… Ⅲ. ①程序设计—岗位培训—教材 Ⅳ. ①TP311.1

中国版本图书馆 CIP 数据核字(2018)第 172586 号

出版发行 南京大学出版社
社　　址 南京市汉口路 22 号　　邮　　编 210093
出 版 人 金鑫荣

丛 书 名 软件行业岗位参考指南与实训丛书
书　　名 程序员岗位指导教程
主　　编 杨 洋
责任编辑 刘士勇　王南雁　　编辑热线 025-83593923

照　　排 南京理工大学资产经营有限公司
印　　刷 虎彩印艺股份有限公司
开　　本 787×1092　1/16　印张 12.375　字数 304 千
版　　次 2018 年 8 月第 1 版　2018 年 8 月第 1 次印刷
ISBN 978-7-305-20658-0
定　　价 35.00 元

网　　址:http://www.njupco.com
官方微博:http://weibo.com/njupco
官方微信号:njupress
销售咨询热线:(025)83594756

前　言

软件行业发展到今天，岗位分工越来越精细。软件公司对各岗位也逐渐有了明确的职责定义和业务范围。通常，一个软件系统开发的生命周期内，可行性分析、需求分析、系统设计、编码、调试和测试、验收与运行、维护升级到废弃等阶段，这些阶段中需要不同角色的人员来参与，从需求分析师、软件架构师、系统分析师、软件开发工程师、测试工程师到维护工程师等。但是，这些角色往往会担负在1个或者2—3个人的肩上。一个较小型的项目，也许软件的需求分析、架构设计和分析以及程序的开发都由一个人来完成。所以，一个软件开发工程师必须具备一定的软件架构的知识和技能，才能在不同级别的软件项目中胜任自己的岗位和任务，这也是当下软件公司为节约成本、提高附加值而对软件开发工程师提出的更高的要求。

本书为谁而写?

本书为软件开发工程师和学习程序开发的人员而写，是入门级培养。为你做程序开发工作时能提供一些方法、参考和借鉴。通过本书的学习之后，基本上对程序开发的内容和过程将有一个比较清晰的思路，可以通过书中的输入、输出成果物的模板进行基本的程序开发工作，今后可以通过阅读更高级的程序开发书籍提高在此领域的水平。

写给软件开发工程师：

作为软件开发工程师，你一定掌握了一门或者几门编程语言，有一定的项目开发实践经验，或者正从事着软件项目的开发，你也一直乐在其中。可是有一天，项目经理告诉你，这个软件系统将由你负责完成程序员的工作，怎么办？到底该从哪里入手呢？本书以程序员岗位作业指导的形式，从程序员工作中必须涉及的各个环节入手，逐一带领读者领会程序开发各个阶段的任务、工作流程和输入、输出成果，以及必须要了解的一些知识。软件开发工程师在使用本教程时不一定要从第一章开始读起，可以根据实际项目需要，有针对的挑选合适的章节有的放矢地学习。教程最后提供的各个输出物的模板也会更清楚的帮助您梳理程序开发的各个环节，告知您在各个阶段需要什么产出物。

写给教师：

作为高校教师，如果您的学校开设了软件开发类似的课程，或者软件开发综合实训课程，那么您一定会选择理论体系更为完善，叙述更为系统化的教程。那么在程序开发实践教学环节，您需要一本能够指导学生实践的教程。本书从程序员岗位入手，以工作流程为轴线，逐一介绍了程序开发中涉及的工作任务，如何开展这些工作任务，以及典型的标准文档模板。这些内容对于指导您的学生来说，将是非常便利的。您还可以把该教程作为毕业实训或项目实训的一本参考教程，让学生在项目开展的过程中参考本教程。

写给在校学生：

学习计算机专业的同学都知道，如果想把一门编程语言、一门技术学好，一本教材是不够的，必须去图书馆借阅与课程相关的书籍进行深入学习，从不同视角和不同层次进行二次学习，这样才是一个学习的好方法。当您在进行课程实训时，实训的内容通常是与一门课程的内容紧密结合的，如：C#语言、Java语言、数据库等，内容比较单一，基本上重点都是在编码和程序逻辑的功能实现上，不会考虑程序员的工作到底有哪些。但是当进入毕业实训和项目综合实训阶段，不但实训的项目功能复杂了，业务逻辑也多了，不但要考虑编码，还要考虑软件的架构、人员的分配、风险的识别、软件测试等等。本教程可以在程序开发领域提供操作级别的指导，在程序开发的主要环节中告诉你现在应该做什么、需要什么、怎么做、谁来做、下面要做什么、做出什么成果。

如何使用本教程？

本教程突破传统的程序开发书籍知识体系化的编写方式，注重程序员岗位工作过程的描述和内容分解，适合作为程序员岗位的工作指导教程。

第1章是对程序员岗位的作业进行整体的指导，读者将会对本书的写作风格有一个清晰的认识。

第2章到第3章是针对程序员岗位的工作任务进行逐一的作业指导，通过流程图读者将会对具体的工作流有一个了解，再通过文中工作步骤的分解和指导，读者将会逐渐了解具体工作任务的内容。

第4章是程序员岗位的作业文档模板。提供了程序开发的文档模板，借助模板，读者可以很快的了解相应任务的内容。

文章最后的附录部分提供了程序开发所需要的文档模板和代码示例。

本书作者介绍：

本书由南京城市职业学院杨洋老师负责编写、统稿和写作思路。

由于作者水平有限，加之创作时间比较仓促，本书不足之处在所难免，欢迎广大读者批评指正。

作　者

2018年11月

目　录

第1章 程序员岗位概述

1.1 程序员岗位概述

程序员(英文 Programmer)是从事程序开发、维护的专业人员。一般将程序员分为程序设计人员和程序编码人员,但两者的界限并不是非常清楚,尤其是在中国。软件从业人员分为初级程序员、中级程序员、高级程序员(现为软件设计师)、系统分析员,系统架构师、测试工程师和项目经理七大类。

1.1.1 初、中级程序员

初级程序员是指通过初级程序员考试认证的计算机从业者。初级程序员考试属于中国计算机软件专业技术资格和水平考试的一个初级考试。这项考试自 1989 年开始实施。考试类别分资格考试和水平考试两种。

1. 初级程序员证书

报考水平考试并达到水平合格标准者,将由工业和信息化部颁发计算机软件水平证书(不再颁发资格证书);报考资格考试并达到资格合格标准者,将由国家人力资源和社会保障部和工业和信息化部颁发计算机软件资格证书,如果又达到水平合格者,将再由工业和信息化部颁发计算机软件水平证书。

2. 考试说明

[1] 考试要求

要求 1:熟练掌握 DOS、WINDOWS95、WORD 和上网软件的使用方法,以及有关基础知识;

要求 2:掌握程序编制方法,用 C 语言编制简单程序;

要求 3:掌握基本数据结构、程序语言和操作系统的基本知识;

要求 4:了解数据库和信息安全的基础知识;

要求 5:掌握数制、机内代码和逻辑运算的基础知识;

要求 6:了解计算机主要部件和功能的基础知识;

要求 7:了解多媒体和网络的基础知识;

要求 8:理解计算机操作中常见的英语术语。

[2] 通过本级考试的合格人员能熟练使用指定的常用软件和具有初步的程序编制能力,具有相当于技术员的实际工作能力和业务水平

[3] 本级考试范围包括

基础知识(初级程序员级),考试时间为 120 分种;软件使用和程序编制初步能力,考试时间为 120 分钟。

3. 初、中级程序员考试范围

[1] 基础知识

a) 软件基础知识

1) 基本数据结构　数组、记录、列表、队列、栈(stack)的定义、存储和操作

2) 程序语言基础知识　汇编、编译、解释系统的基本概念和使用、程序语言的数据类型、程序语言的控制结构

3) 文件系统使用的基础知识、文件组织的类型和特点、文件操作命令的使用

4) 操作系统的类型功能和使用基础知识

5) 数据库系统基础知识

6) 多媒体基本概念

7) 上网浏览和收发电子邮件的基础知识

8) 计算机信息安全基础知识　计算机信息安全基本概念、常见计算机病毒的识别

b) 硬件基础知识

1) 数制及其转换　二进制、十进制和十六进制等常用数制及其相互转换

2) 机内代码 原码、补码、反码　定点数与浮点数的机内表示 ASCLL 码级汉字编码等常用的编码 奇偶校验码

3) 逻辑运算　逻辑代数的基本运算和逻辑表达式的化简

4) 计算机的主要部件　中央处理器 CPU、存储器和输入输出设备

5) 指令系统　常用的寻址方式、指令的格式分类及功能

6) 常用多媒体设备和网络通信设备的功能

7) 计算机专业英语　高中毕业英语程度、理解计算机操作中常见的英语术语

[2] 软件使用和程序编制初步能力

1) 能熟练使用下列常用软件

2) 操作系统(DOS 和 WINDOWS95)

3) 字处理软件(WORD)

4) 上网软件(电子邮件和浏览器)

5) 能熟练使用下列程序语言编制程序 C(美国标准)

6) 理解给定程序的功能及基本算法 查找、更新、排序和字符处理

7) 程序编制方法

8) 分支、循环、子程序(过程和函数)

9) 输入输出和文件的基本处理

1.1.2　高级程序员(现为软件设计师)

作为高级程序员,除了应该具备初、中级全部素质之外,还需要具备以下素质:

[1] 需求分析能力

[2] 整体框架能力

[3] 流程处理能力

[4] 模块分解能力

[5] 整体项目评估能力

[6] 团队组织管理能力

1. 职业困境

老虎、Bill、自己,中国程序员的困境也来自三个方面。

困境之一:老虎的威胁。程序员要面对的饿老虎实在不少,比如说老板,好像老板就是程序员的天敌,“不懂技术却指手画脚”“得到与付出不相当”,似乎是程序员最常见的牢骚,这个问题不可能得到真正的解决。

困境之二:Bill 的竞争。一般说来中国的程序员大都是吃“青春饭”的,大部分程序员的黄金时代是 24～28 岁。到了 30 岁左右,一批又一批年轻程序员会给你带来巨大的竞争压力。首先由于软件行业的飞速发展,很多自己以前学的东西逐渐升级换代,而许多程序员由于长期着眼于手头的工作,学习新知识的效率必然下降;其次自己干了几年,薪水要求自然就高了,而年轻程序员工资又低、干活又快,当然会成为老板的首选;然后,30 岁基本都已经成家了,要支撑家庭的生活负担,几乎连从头再来的勇气都不会有了。中国的老话说“长江后浪推前浪、一代新人换旧人”,这个历史的规律在软件开发行业体现的尤其明显和残酷,很多程序员必然要面对的结果就是降薪乃至失业。

困境之三:自我的实力。都知道人最难战胜的是自己,所以自我也就是程序员需要超越的最大障碍。大多程序员都把系统分析员和项目经理作为自己的职业目标,但这些目标的达成,需要个人素质、市场机遇等多个方面的条件,太多的程序员就是在高不成、低不就的状态中蹉跎了岁月。对于系统分析员,特别需要以下几方面的素质:客户需求分析能力、系统架构与设计能力、模块分解设计能力、项目流程控制能力、项目风险评估能力等,而对于项目经理则更注重项目管理方面的能力如团队组织能力、沟通协调能力、分析问题解决问题的能力以及良好的职业道德等,而这些素质和能力往往只能依靠程序员个人的学习和努力。越来越多的程序员开始学习项目管理的课程,但现在的项目管理培训只停留在理论和考证的程度,既没有素质方面的训练,又缺少实际软件开发项目的案例,学习的结果远远不能达到预期的效果。

2. 薪资待遇

从经济学的层面上来看,软件人才也是劳动力商品中的一种,是由价值规律决定的,有需求才会有市场,才会有人愿意为他们支付更高的工资。当前,包括中国在内,全球都在争夺 IT 人才,当 IT 人才的社会总需求大于总供给时,不可避免就会出现人才升值的现象。

有关软件行业工资的讨论还继续在网上进行着，而这个话题引发了人们更深层次的思考：中国加入 WTO 了，中国企业与国外企业争夺人才，除了拼工资还可以拼什么？IT 业的工资一直都在升，会不会有降的一天？频繁地跳槽，使得 IT 公司被动地成了没有商业机密的“透明公司”，是好还是不好？IT 业过高的工资，使许多更适合从事其他行业的高中毕业生和大学毕业生盲目地选择了这个“未来很有前途”的专业，是不是一种社会资源的浪费？

1.1.3 系统分析员

系统分析员又称系统分析师(英文 system analyst，简称 SA)，是指具有从事计算机应用系统的分析和设计工作能力及业务水平，能指导系统设计师和高级程序员的工作的一族。在软件开发流程中主要从事需求分析工作，同时也涉及可行性分析和概要设计的部分工作。系统分析师(SA)是负责设计与开发应用软件系统，使其正确地反应出有效的信息，协助企业经营者管理、营运公司的运作者。系统分析师是抽象模型的建立者，他们需要专业的概念模型知识和基础编程技巧。杰出的系统分析师会利用编程技巧来辅助建立概念模型。系统分析师需具备借鉴的眼光与能力，理解商务逻辑和客户需求等。

1. 岗位职责

系统分析师是计算机行业的高级人才，是一个大型软件项目的核心领导者，他的主要职责是对软件项目进行整体规划、需求分析、设计软件的核心架构、指导和领导项目开发小组进行软件开发和软件实现，并对整个项目进行全面的管理工作。系统分析师的工作职责决定了他必须是计算机行业各个领域的精通者，因此一个合格的系统分析师，能够精通各种计算机前沿理论、具体的软硬件开发技术、大型数据库的知识、项目的整体规划和框架设计、模块式设计和开发技术、数字化建设知识，等等。系统分析师具备在一个信息化项目从立项到正式上线整个过程中，在过程的各个不同阶段担任不同的核心角色的能力，其中最为重要的能力就是系统架构的整体设计能力和详细设计能力，这个能力直接关系到一个软件项目的成败。

系统分析师所具备的职业能力和素质主要有：精通计算机行业的前沿理论，精通代表主流开发思想的程序开发语言，精通建设信息系统所要求的各种具体技术，熟悉应用领域的业务，能分析用户的需求和约束条件，写出信息系统需求规格说明书，制定项目开发计划，协调信息系统开发与运行所涉及的各类人员，能指导制定企业的战略数据规划，组织开发信息系统，能评估和选用适宜的开发方法和工具，能按照标准规范写系统分析、设计文档，能对开发过程进行质量控制与进度控制，能具体指导项目开发，具有高级工程师的实际工作能力和业务水平。

系统分析师的基本职责是从事管理信息系统的定制、企业资源管理系统的设计开发及市场评估策划，能独立翻译、阅读国外技术资料，理解商务逻辑和客户需求，有管理信息系统的设计、项目设计能力、开发进度的估计能力、控制力，具有良好的理解力和逻辑分析能力以及表达能力、足够的沟通能力，具备基本文档写作能力。

在日常工作当中，系统分析师通常都是本单位的技术骨干，主要担任项目的主导者和领导者的工作。在政府机关，系统分析师通常负责数字化城市、电子政务、公共政务网等政府统一规划与建设工作；在高校、研究所等科研机构，系统分析师通常担任计算机前沿理论的研究、计算机专业、信息化管理专业、电子商务及电子政务等专业的教学、数字化校园的规划与建设、大型集中式教务数据库的建设、教务系统的开发与建设等工作；在非 IT 企业，系统分析师通常主要负责本企业的电子商务系统的规划与建设、大型信息化系统（如 MIS、ERP 等）的规划、建设与开发等工作；在 IT 企业，系统分析师通常担任首席分析师和项目经理的工作，主要负责中大型软件项目的规划、建设、软件架构的整体设计与详细设计、开发模式的设计、项目开发工作的指导和监督、系统的整体测试工作、项目的全面管理及进度管理等。

2. 考试目标

通过本考试的合格人员应熟悉应用领域的业务，能分析用户的需求和约束条件，写出信息系统需求规格说明书，制订项目开发计划，协调信息系统开发与运行所涉及的各类人员；能指导制订企业的战略数据规划、组织开发信息系统；能评估和选用适宜的开发方法和工具；能按照标准规范编写系统分析、设计文档；能对开发过程进行质量控制与进度控制；能具体指导项目开发；具有高级工程师的实际工作能力和业务水平。

3. 考试要求

[1] 掌握系统工程的基础知识；
[2] 掌握开发信息系统所需的综合技术知识（硬件、软件、网络、数据库等）；
[3] 熟悉企业或政府信息化建设，并掌握组织信息化战略规划的知识；
[4] 熟练掌握信息系统开发过程和方法；
[5] 熟悉信息系统开发标准；
[6] 掌握信息安全的相关知识与技术；
[7] 熟悉信息系统项目管理的知识与方法；
[8] 掌握应用数学、经济与管理的相关基础知识，熟悉有关的法律法规；
[9] 熟练阅读和正确理解相关领域的英文文献。

4. 工作环境

系统分析师的工作内容，按阶段划分大致可分为下述几个阶段。

系统分析：分析现行系统，确定系统的功能需求；确定系统的资源，保护及绩效需求，发展系统架构确定使用单位会面临的环境及组织变迁。

初步设计：划分作业子系统。拟定子系统的输入、输出、接口及作业处理流程；子系统人工操作规格；逻辑资料库设计；列出系统软、硬件规格。

细步设计：设计实体数据库；设计人工操作程序；设计文件表格及输出、入格式；拟订程序规格及组步流程；确定公用例程与共享程序。

系统测试：根据分析阶段所定的各种功能，加以测试，错误资料收集与分析。

资料转换：整理及汇编文件；指派工作人员及进行训练，进行资料转换。

系统维护：更正系统内潜伏的错误，因适应环境的改变而做适度的调整。

一个机构的分析师因工作性质的关系，一方面需要与作业单位有关人员讨论系统需求，另一方面亦要随时了解程序设计人员工作进度，以掌握系统开发进度，虽然时常往来于不同的单位间，但是大多数的时间均为独自作业，不希望有太多的外在干扰，因此，通常都会有固定而较幽静的办公处所。

5. 必备技能

这里想简要探讨一下系统分析师的必备素质和技能，由于编写比较匆忙，可能并不完整。

[1] 具备较强的理论研究能力和实践能力，能够在现有的理论基础上对其进行有针对性的拓展，并充分利用理论基础来指导实践工作。

[2] 精通主流的计算机软硬件开发方法和开发语言，精通开发语言之间的共通格式，能够熟练地利用主流的开发语言进行实际的开发工作。

[3] 具备较高的实践能力，能够承担难度较大、对计算机专业知识要求较高的系统分析与设计工作。

[4] 具有良好的指导和沟通能力，能够担任项目组织的指导者和技术骨干，能够充分指导项目开发组进行实际的开发工作。

[5] 理解和明确系统建议、建设单位的经营管理目标及战略发展方向。

[6] 要能与组织管理高层一起设计，确定信息系统建设的长期目标，并进行必要的分解。

[7] 要在详细调查的基础上，正确判断组织内部现状和外部条件，进行可行性分析。

[8] 能够根据现实条件确定组织信息系统开发策略。

[9] 具备选择适宜方法和工具并培训开发人员的能力。

[10] 善于沟通，妥善协调决策者、开发人员与业务人员的观点，达成共识。

[11] 时刻跟踪世界上最新信息技术的发展，并能建立适合业务需求的技术模型。

[12] 具备较强的行政管理能力，能够合理调度人、财、物等要素，完成开发目标。

[13] 如果具有软件工程的思维模式，可以使软件工程技术人员不仅站在应用软件系统整体的高度上去思考问题，更重要的是能够在专业技术积累的基础上，使普通的代码编写人员逐步成长为系统分析师和软件项目经理等技术管理人员。

1.1.4 系统架构师

系统架构师，又称企业架构师或者系统设计师，是一个最终确认和评估系统需求、给出开发规范、搭建系统实现的核心构架，并澄清技术细节、扫清主要难点的技术人员。主要着眼于系统的“技术实现”。因此他/她应该是特定的开发平台、语言、工具的大师，对常见应用场景能马上给出最恰当的解决方案，同时要对所属的开发团队有足够的了解，能够评估自己的团队实现特定的功能需求需要的代价。系统架构师负责设计系统整体架构，从需求到设计的每个细节都要考虑到，把握整个项目，使设计的项目尽量效率高、开发容易、维护方便、升级简单等。

1. 职业概述

系统构架师是近年来在国内外迅速成长并发展良好的一个职位，它的重要性和给 IT

业所带来的影响是不言而喻的。在我国虽然还存在一定的争论性、不可预测性、不理解性、不确定性，但它确实是时代发展的需要。IT行业的各公司为了让他们现有的IT系统实现更大的价值，纷纷进行了重大的技术变革。

于是对高水平的架构师的需求激增。对负责架构的管理人员的需求不断增大，其增长速度比对首席信息官的需求还要快。因为，架构师会给一个组织带来大量的专业技术。公司需要一些在系统架构方面有真才实学，而且学得深且广的人才。

据说在比尔·盖茨的众多称谓中，他更偏爱"首席软件架构师"这个称呼。同样，在网易创始人丁磊名字前，也有"首席架构师"这样的称谓。由此可见，对于企业来说，架构师就是"企业灵魂"的创造者。

2. 知识结构

软件系统架构师综合的知识能力包括9个方面，即：

[1] 战略规划能力；

[2] 业务流程建模能力；

[3] 信息数据结构能力；

[4] 技术架构选择和实现能力；

[5] 应用系统架构的解决和实现能力；

[6] 基础IT知识及基础设施、资源调配能力；

[7] 信息安全技术支持与管理保障能力；

[8] IT审计、治理与基本需求分析、获取能力；

[9] 面向软件系统可靠性与系统生命周期的质量保障服务能力。

作为系统架构师，必须成为所在开发团队的技术路线指导者；具有很强的系统思维的能力；需要从大量互相冲突的系统方法和工具中区分出哪些是有效的，哪些是无效的。架构师应当是一个成熟的、丰富的、有经验的、有良好教育的、学习快捷、善沟通和决策能力强的人。丰富是指他必须具有业务领域方面的工作知识，知识来源于经验或者教育。他必须广泛了解各种技术并精通一种特定技术，至少了解计算机通用技术以便确定那种技术最优，或组织团队开展技术评估。优秀的架构师能考虑并评估所有可用来解决问题的总体技术方案。需要良好的书面和口头沟通技巧，一般通过可视化模型和小组讨论来沟通指导团队确保开发人员按照架构建造系统。

3. 工作职责

系统架构师的职责就是设计一个公司的基础架构，并提供关于怎样建立和维护系统的指导方针。具体来讲，系统架构师的职责主要体现在以下几方面：

[1] 负责公司系统的架构设计、研发工作；

[2] 承担从业务向技术转换的桥梁作用；

[3] 协助项目经理制定项目计划和控制项目进度；

[4] 负责辅助并指导SA开展设计工作；

[5] 负责组织技术研究和攻关工作；

[6] 负责组织和管理公司内部的技术培训工作；

[7] 负责组织及带领公司内部员工研究与项目相关的新技术；

[8] 管理技术支撑团队并给项目、产品开发实施团队提供技术保障；

[9] 理解系统的业务需求，制定系统的整体框架（包括：技术框架和业务框架）；

[10] 对系统框架相关技术和业务进行培训，指导开发人员开发。并解决系统开发、运行中出现的各种问题；

[11] 对系统的重用、扩展、安全、性能、伸缩性、简洁等做系统级的把握。

系统架构师的工作在于针对不同的情况筛选出最优的技术解决方案，而不是着眼于具体实现细节上。此外系统架构师是不可培养的，好的系统架构师也许不是一个优秀的程序员，但是他不能不懂技术之间的差别。技术的发展趋势，采用该技术的当前成本和后继成本，该技术与具体应用的耦合程度，自己可以调配的资源状况，研发中可能会遇到的风险，如何回避风险等，这些才是架构师需要考虑的主要内容。

4. 架构的分类

第一种是基础架构的设计规划。例如，OS、硬件、网络、各种应用服务器等。

第二种是软件开发设计的架构师。他们负责规划程序的运行模式、层次结构、调用关系，规划具体的实现技术类型，甚至配合整个团队做好软件开发中的项目管理。

5. 具备能力

作为软件开发的系统架构师，必须拥有一定的编程技能，同时要有高超的学习新的架构设计、程序设计技能。另外作为软件架构师，还必须了解一定的硬件、网络、服务器的基本知识。忽视程序设计能力的持续更新，是永远不能够成为一个成功系统架构师的。

一般来讲，系统架构师应该拥有以下几方面的能力：

[1] 具备 8 年以上软件行业工作经验；

[2] 具备 4 年以上 C/S 或 B/S 体系结构软件产品开发及架构和设计经验；

[3] 具备 3 年以上的代码编写工作经验；

[4] 具备丰富的大中型开发项目的总体规划、方案设计及技术队伍管理经验；

[5] 对相关的技术标准有深刻的认识，对软件工程标准规范有良好的把握；

[6] 对 .Net/Java 技术及整个解决方案有深刻的理解及熟练的应用，并且精通 WebService/J2EE 架构和设计模式，并在此基础上设计产品框架；

[7] 具有面向对象分析、设计、开发能力（OOA、OOD、OOP），精通 UML 和 ROSE，熟练使用 RationalRose、PowerDesigner 等工具进行设计开发；

[8] 对计算机系统、网络和安全、应用系统架构等有全面的认识，熟悉项目管理理论，并有实践基础；

[9] 在应用系统开发平台和项目管理上有深厚的基础，有大中型应用系统开发和实施的成功案例；

[10] 良好的团队意识和协作精神，有较强的内外沟通能力。

6. 系统架构师与产品经理的关系及区别

产品经理通常是指负责产品设计的“专人”。一个优秀的理想的产品经理，应同时具备较高的商业素质和较强的技术背景。产品经理要有深厚的领域经验，也就是说，对该软件系统要应用到的业务领域非常熟悉。比如，开发房地产销售软件的产品经理，应该对房地产公司的标准销售流程了如指掌，甚至比大多数销售人员还要清楚。如果开发的是通用产品，他/她还具备对市场、潜在客户需求的深刻洞察力。那么，系统架构师与产品经理有什么不同呢？我们不应该把二者混为一谈，这是不少论述和实践常犯的错误。如果把开发软件比作摄制电影，产品经理与系统架构师，就正像编剧与导演。产品经理虽然要有一定技术背景，但仍应属于"商业人士"，而系统架构师则肯定是一个技术专家。二者看待问题的立场、角度和出发点完全不同。

7. 系统架构师与项目经理的关系及区别

软件项目经理是指对项目控制/管理，关注项目本身的进度、质量、分配、调动、协调、管理好人、财、物等资源的负责人。对于软件项目经理来讲，包括项目计划、进度跟踪/监控、质量保证、配置/发布/版本/变更管理、人员绩效评估等方面。优秀的项目经理需要的素质，并不仅在于会使用几种软件或是了解若干抽象的方法论原则，更重要的在于从大量项目实践中获得的宝贵经验，以及交流、协调、激励的能力，甚至还应具备某种个性魅力或领袖气质。由此可见，项目经理和系统架构师在职责上有很大差异。混同这两个角色，往往也会导致低效、无序的开发。特别是，从性格因素上讲，单纯的技术人员倾向于忽视"人"的因素，而这正是管理活动的一个主要方面。另外，就像战争中的空军掩护一样，专职的项目经理能够应付开发过程中大量的偶发事件和杂务，对于一个规模稍大的项目，这些杂务本身就能占用一个全职工作者的几乎全部时间。在一个项目中，推动项目发展的是系统架构师，而不是项目经理。项目经理的职责只是配合系统架构师，提供各个方面的支持。主要职责是与内外部沟通和管理资源(包括人)。系统架构师提出系统的总体构架，给出开发指导。一个项目中，项目经理的角色什么？如果他既是管理人员又是设计人员，则必须比别人强，能够有让别人服的东西。如果他只是项目管理人员，系统架构师有专门人员，就可以不用精通或者说了解IT各个方面的知识，如果了解更好。另外，如果在一个项目没有人在技术构架上和开发指导上负全部责任，而是每个人都负责一块的架构、分析、设计、代码和实施等，最后肯定会失去管理。

8. 系统架构师与系统分析员的关系及区别

系统分析员是指对系统开发中进行分析、设计和领导实施的人。一般意思上讲，系统分析员的水平将影响系统开发的质量，甚至成败。但在一个完善的系统开发队伍中，还需要有业务专家，技术专家和其他辅助人员。所以，系统分析员只是其中的角色之一。但我国许多的IT公司，一般只有系统分析员而没有技术专家。系统分析员固然是对特定系统进行分析、设计，所以他的任务、目标是明确的，他只是去执行任务、完成系统的最终设计。

系统架构师应该和系统分析员分开，但架构师必须具备系统分析员的所有能力，同时还应该具备设计员所没有的很多能力。系统架构师是指导、监督系统分析员的工作，要求系统分析员按什么标准，什么工具，什么模式，什么技术去设计系统的。同时，系统架构师应该对系统分析员所提出的问题，碰到的难题及时地提出解决的方法，并检查、评审系统分析员的工作。

9. 评估成绩

[1] 重要性

优秀的系统架构师是保证软件系统强大生命力的核心人物。专业架构师能够帮助公司全面研究现有架构和设计模式、评估系统设计的优缺点和可能存在的风险，通过一系列的专题指导和具体案例帮助公司掌握先进的、成熟的设计模式，简化复杂的业务逻辑和需求，确定系统最适合法人方案。在必要的情况下，还可就特定领域或课题，为开发人员提供定制指导。通过上面的介绍，我们对系统架构师有了较深刻的认识，我们明白了系统架构师的地位、作用、工作职责及任职条件，同时还区别出与其他角色的不同。那么如何评估系统架构师的工作成绩？

[2] 评估依据

如何识别一个合格的优秀的系统架构师是不难的。

具体来讲，我们可以通过以下几方面来评估系统构架师的工作成绩：

1）系统架构师是否是某一技术领域的专家；

2）系统架构师能否指导分析员的设计工作，发现并指出设计存在的问题并提出解决方法，评审他们的工作；

3）系统架构师能否指导软件工程师进行开发工作，发现并指出编码存在的问题并提出解决方法，评审他们的工作；

4）系统架构师能否协助好项目经理制定项目计划和控制项目进度；

5）系统架构师能否及时有效地解决设计、开发人员所提出的问题，解决技术上的难题；

6）系统架构师能否制订并规范系统设计和开发文档、工具、模型；能否让其他人员容易理解；

7）系统架构师能否经常组织并带领公司内部员工研究、学习与项目相关的新技术；

8）系统架构师能否组织和管理好公司内部的技术培训工作，技术研究和攻关工作；

9）系统架构师是否能管理好技术支撑团队并给项目、产品开发实施团队提供技术保

10）系统架构师所设计的系统架构是否合理，技术是否先进，能否满足客户的要求；

11）系统架构是否有扩展性，安全性，能否经受压力测试，网络流量在超用户数下如何控制；系统边界如何处理，瓶颈问题如何解决等；系统设计前期、中期、后期所要解决的问题，是否有阶段性，里程碑的标识；是否有分析、识别并尽可能地回避风险，降低风险所引发问题成本的能力；能否给公司降低开发成本，提高效率。

10. 待遇

系统架构师的一般月薪在 20 000—100 000 元左右。

系统架构师是软件项目的总设计师，是软件企业的新产品、新技术体系的构建者，是目前软件开发中急需的高层次技术人才。由系统开发工程师发展而来，可以向项目经理、技术经理等高层次的方向发展。

1.1.5　测试工程师

测试工程师，软件质量的把关者，工作起点高，发展空间大。中国的软件测试职业还处于一个发展的阶段，所以测试工程师具有较大发展前景。测试工程师可以成长为项目组的测试组长、软件质量经理和产品组的测试组长等。

1. 从业资格

在企业中一般称为软件开发测试工程师。一般为具有 1－2 年经验的测试工程师或程序员。

有良好经验的测试工程师可以成长为产品/项目组的测试组长或软件质量经理，负责软件质量保证，进行测试管理和领导测试团队。

2. 工作职责

[1] 测试人员

1) 编写测试计划、规划详细的测试方案、编写测试用例；

2) 根据测试计划搭建和维护测试环境；

3) 执行测试工作，提交测试报告。包括编写用于测试的自动测试脚本，完整地记录测试结果，编写完整的测试报告等相关的技术文档；

4) 对测试中发现的问题进行详细分析和准确定位，与开发人员讨论缺陷解决方案。

5) 提出对产品的进一步改进的建议，并评估改进方案是否合理；对测试结果进行总结与统计分析，对测试进行跟踪，并提出反馈意见；

6) 为业务部门提供相应技术支持，确保软件质量指标。

[2] 测试组长

1) 对软件质量负责；

2) 根据需求制定软件质量指标；

3) 制定测试计划；

4) 领导制定测试用例和测试环境；

5) 对测试进行评估；

6) 培训测试工程师。

3. 职业待遇

软件质量的把关者，人才凤毛麟角，薪酬上升空间非常大。

质量是企业的生命线，测试工程师作为软件质量的把关者，因为职位的重要而有较高的待遇就顺理成章了。另外，“物以稀为贵”的市场规律也使得当前极为紧俏的测试工程师“钱景看好”。

我国的软件测试职业还处于一个发展的阶段，随着软件行业对产品质量重视程度的提高，受过系统培训、掌握先进测试技术的软件测试从业人员的薪酬上升空间大。从企业人才需求和薪金水平来看，软件测试工程师的年工资还有逐年上升的明显趋势。

4. 历史发展

计算机软件产品检验员(即软件测试工程师)早在2005年就被劳动和社会保障部门列入第四批新职业中。经过短短几年的发展,软件测试员已跻身IT业抢手人才之列。

有调查显示,通过必要测试,软件缺陷可减少75%,而软件的投资回报率则可增长到350%。对于一个软件企业来说,只有它的产品或是项目质量完全地得到认可,业务才有可能进一步扩展。很多中大型软件企业设立了单独的测试部,与开发部并行运作,测试人员也与开发人员平起平坐。

除了产业的自身需求外,国家政策的大力扶持也是软件测试大力发展的原因。2007年,信产部联合五部委颁布124号文件,特别强调要"加快培养软件测试人才,开展软件评测技术的研究"。为了配合2008年奥运会的召开,国家科技部门、北京市政府主管部门和北京奥组委等投入近20亿元人民币,组建10个重大的智能型项目,涉及上百个软件系统。如此庞大的信息服务系统,对软件测试人员的需求更是剧增,也将进一步扩大人才缺口。

5. 职业前景

在外界环境大好的情况下,软件测试却面临着自身的严峻考验——人才紧缺。在国外,一般软件测试人员与软件开发人员的岗位设置比例是1∶1,像微软在开发Windows2000时测试开发人员比例高到1.7∶1,由此可见软件测试岗位重要性的一般。据前程无忧调查显示,国内120多万软件从业者中,真正能担当测试职位的不足5万,人才缺口已超20万,并随需求逐年增长。

软件测试人才需求量的加大,除了受产业先行的波及外,主要是受教育滞后的影响。由于及时捕捉到市场的需求,部分IT职业培训机构率先驶入测试培养的蓝海,紧跟发展趋势,开设了一系列科学完善的课程体系,为软件企业培养了众多专业软件测试工程师,成为人才培养的主力军。企业可通过内部培训、引进人才等方式来培育人才,但受人力成本的限制,这些方式没有大规模普及。另外,国内部分高等院校也开始着手准备,召开软件测试教学研讨会,筹划专业开设的相关事宜。

1.1.6 项目经理

项目经理(Project Manager),是指企业建立以项目经理责任制为核心,对项目实行质量、安全、进度、成本管理的责任保证体系和全面提高项目管理水平设立的重要管理岗位。项目经理在工程项目施工中处于中心地位,起着举足轻重的作用。一个成功的项目经理需要具备的基本素质有:领导者的才能、沟通者的技巧和推动者的激情。

1. 职位定义

项目经理,从职业角度,是指企业建立以项目经理责任制为核心,对建设工程实行质量、安全、进度、成本、环保管理的责任保证体系和全面提高工程项目管理水平设立的重要管理岗位;从从业角度,指受企业法人代表人委托对工程项目施工过程全面负责的项目管理者,是企业法定代表在工程项目上的代表人。项目经理必须取得《建设工程施工项目经理资格证书》才能上岗。

2. 职位作用

项目经理在工程项目施工中处于中心地位，起着举足轻重的作用。一个成功的项目经理需要具备的基本素质有：领导者的才能、沟通者的技巧和推动者的激情。

[1] 项目经理应对承接的项目所涉及的专业有一个全面的了解。

[2] 项目经理要有一定的财务知识。

[3] 项目经理应对按合同完成项目建设有必胜信心，并在实际工作中做到言行一致。

[4] 工程建设合同的签订尽量避免感情因素。

项目经理首要职责是在预算范围内按时优质地领导项目小组完成全部项目工作内容，并使客户满意。为此项目经理必须在一系列的项目计划、组织和控制活动中做好领导工作，从而实现项目目标。

3. 职位权力

[1] 生产指挥权 项目经理有权按工程承包合同的规定，根据项目随时出现的人、财、物等资源变化情况进行指挥调度，对于施工组织设计和网络计划，也有权在保证总目标不变的前提下进行优化和调整，以保证项目经理能对施工现场临时出现的各种变化应付自如。

[2] 人事权 项目班子的组成人员的选择、考核、聘任和解聘，对班子成员的任职、奖惩、调配、指挥、辞退，在有关政策和规定的范围内选用和辞退劳务队伍等是项目经理的权力。

[3] 财权 项目经理必须拥有承包范围内的财务决策权，在财务制度允许的范围内，项目经理有权安排承包费用的开支，有权在工资基金范围内决定项目班子内部的计酬方式、分配方法、分配原则和方案，推行计件工资、定额工资、岗位工资和确定奖金分配。对风险应变费用、赶工措施费用等都有使用支配权。

[4] 技术决策权主要是审查和批准重大技术措施和技术方案，以防止决策失误造成重大损失。必要时召集技术方案论证会或外请咨询专家，以防止决策失误。

[5] 设备、物资、材料的采购与控制权 在公司有关规定的范围内，决定机械设备的型号、数量、和进场时间，对工程材料、周转工具、大中型机具的进场有权按质量标准检验后决定是否用于本项目，还可自行采购零星物资。但主要材料的采购权不宜授予项目经理，否则可能影响公司的效益，但由材料部门供应的材料必须按时、按质、按量保证供应，否则项目经理有权拒收或采取其他措施。

4. 职位职责

[1] 确保项目目标实现，保证业主满意 这一项基本职责是检查和衡量项目经理管理成败、水平高低的基本标志。

[2] 制定项目阶段性目标和项目总体控制计划 项目总目标一经确定，项目经理的职责之一就是将总目标分解，划分出主要工作内容和工作量，确定项目阶段性目标的实现标志如形象进度控制点等。

[3] 组织精干的项目管理班子 这是项目经理管好项目的基本条件，也是项目成功的组织保证。

[4] 及时决策 项目经理需亲自决策的问题包括实施方案、人事任免奖惩、重大技术措施、设备采购方案、资源调配、进度计划安排、合同及设计变更、索赔等。

[5] 履行合同义务，监督合同执行，处理合同变更 项目经理以合同当事人的身份，运用合同的法律约束手段，把项目各方统一到项目目标和合同条款上来。

[6] 如实向上级反应情况。

5. 能力要求

[1] 号召力

也就是调动下属工作积极性的能力。人是社会上的人，每个人都有自己的个性，而一般情况下项目经理部的成员是从企业内部各个部门调来后组合而成的，因此每个的素质、能力和思想境界均或多或少存在不同之处。每个人从单位到项目部上班也都带有不同的目的，有的人是为了钱，有的人是为了学点技术和技能，而有的人是为了混日子。也因此每个人的工作积极性均会有所不同，为了钱的人如果没有得到他期望的工资，他就会有厌倦情绪；为了学技术和技能的人如果认为该项目没有他要学或认为岗位不对口学不到技术和技能也会生产厌倦情绪；为了混日子的人，则是做一天和尚撞一天钟——得过且过。因此，项目经理应具有足够的号召力才能激发各种成员的工作积极性。

[2] 影响力

主要是对下属产生影响的能力。项目经理除了要拥有其他员工视为重要的特殊知识，正确的、合理地发布命令之外，还需要适当引导下属的个人后期工作任务，授权他人自由使用资金，提高员工的职位，增加员工的报酬，对下属施加其奖惩，并利用员工对某项具体工作的热爱做出相应的激励措施。

[3] 交流能力

也就是有效倾听、劝告和理解他人行为的能力，也就是有和其他人友好相处，维持良好人际关系的能力。项目经理只有具备足够的交流能力才能与下属、上级进行平等的交流，特别是对下级的交流更显重要。因为群众的声音是来自最基层、最原始的声音，特别是群众的反对声音，一个项目经理如果没有对下属职工的意见进行足够的分析、理解，那他的管理必然是强权管理，也必将引起职工的不满，其后果也必将重蹈我国历史上那些“忠言逆耳”的覆辙。

[4] 应变能力

每个项目均具有其独特之处，而且每个项目在实施过程中都可能发生千变万化的情况，因此项目的管理是一个动态的管理，这就要求项目经理必须具有灵活应变的能力，才能对各种不利的情况迅速作出反应，并着手解决。没有灵活应变的能力，则必然会束手无策、急得如热锅上的蚂蚁一样，最终就可能导致项目进展受阻，无法将项目继续推进下去。

[5] 性格要求

项目经理还必须自信、热情，充满激情、充满活力，对员工要有说服力。

[6] 技能要求

管理技能首先要求项目经理把项目作为一个整体来看待，认识到项目各部分之间的相互联系和制约以及单个项目与母体组织之间的关系。只有对总体环境和整个项目有清楚的认识，项目经理才能制定出明确的目标和合理的计划。

[7] 计划

计划是为了实现项目的既定目标，对未来项目实施过程进行规划和安排的活动。计划作为项目管理的一项职能，贯穿于整个项目的全过程，在项目全过程中，随着项目的进展不断细化和具体化，同时又不断地修改和调整，形成一个前后相继的体系。项目经理要对整个项目进行统一管理，就必须制定出切实可行的计划或者对整个项目的计划做到心中有数，各项工作才能按计划有条不紊地进行。也就是说项目经理对施工的项目必须具有全盘考虑、统一计划的能力。

[8] 组织

这里所说的项目经理必须具备的组织能力是指为了使整个施工项目达到它既定的目标，使全体参加者经分工与协作以及设置不同层次的权力和责任制度而构成的一种人的组合体的能力。当一个项目在中标后（有时在投标时），担任（或拟担任）该项目领导者的项目经理就必须充分利用他的组织能力对项目进行统一的组织，比如确定组织目标、确定项目工作内容、组织结构设计、配置工作岗位及人员、制定岗位职责标准和工作流程及信息流程、制定考核标准等。在项目实施过程中，项目经理又必须充分利用他的组织能力对项目的各个环节进行统一的组织，即处理在实施过程中发生的人和人、人和事、人和物的各种关系，使项目按既定的计划进行。

[9] 目标定位

项目经理必须具有定位目标的能力，目标是指项目为了达到预期成果所必须完成的各项指标的标准。目标有很多，但最核心的是质量目标、工期目标和投资目标。项目经理只有对这三大目标定位准确、合理才能使整个项目的管理有一个总方向，各项目工作也才能朝着这三大目标进行开展。要制定准确、合理的目标（总目标和分目标）就必须熟悉合同提出的项目总目标、反映项目特征的有关资料。

[10] 对项目的整体意识

项目是一个错综复杂的整体，它可能含有多个分项工程、分部工程、单位工程，如果对整个项目没有整体意识，势必会顾此失彼。

[11] 授权能力

也就是要使项目部成员共同参与决策，而不是那种传统的领导观念和领导体制，任何一项决策均要通过有关人员的充分讨论，并经充分论证后才能作出决定，这不仅可以做到“以德服人”，而且由于聚集了多人的智慧后，该决策将更得民心、更具有说服力，也更科学、更全面。

1.2　程序员岗位设置部门

程序员岗位可设置需求部、设计部、技术部、测试部、研发部、发展部和维护部这几个岗位。各部门职责如下。

1. 需求部

其职能是对用户（顾客）的需求情况不断地进行摸底和了解，建立起一个综合性用户档案，并随时将用户的需求变化反馈给公司的各职能部门，以此来指导企业的生产销售。由于该公司对消费者的已有需求和潜在需求了如指掌，因而每次推出的新产品都深受消费者喜爱，市场占有率较高。

需求部可以分为需求分析师和需求工程师两种上岗职员，其工作岗位和内容的相关介绍如下。

[1] 需求分析师

需求分析也称为软件需求分析、系统需求分析或需求分析工程等，是开发人员经过深入细致的调研和分析，准确理解用户和项目的功能、性能、可靠性等具体要求，将用户非形式的需求表述转化为完整的需求定义，从而确定系统必须做什么的过程。

1）需求分析目标

需求分析是软件计划阶段的重要活动，也是软件生存周期中的一个重要环节，该阶段是分析系统在功能上需要“实现什么”，而不是考虑如何去“实现”。需求分析的目标是把用户对待开发软件提出的“要求”或“需要”进行分析与整理，确认后形成描述完整、清晰与规范的文档，确定软件需要实现哪些功能，完成哪些工作。此外，软件的一些非功能性需求（如软件性能、可靠性、响应时间、可扩展性等），软件设计的约束条件，运行时与其他软件的关系等也是软件需求分析的目标。

2）原则

为了促进软件研发工作的规范化、科学化，软件领域提出了许多软件开发与说明的方法，如结构化方法、原型化法、面向对象方法等，这些方法有的很相似。在实际需求分析工作中，每一种需求分析方法都有独特的思路和表示法，基本都适用下面的需求分析的基本原则。

a. 表达理解问题的数据域和功能域。对新系统程序处理的数据，其数据域包括数据流、数据内容和数据结构。而功能域则反映它们关系的控制处理信息。

b. 问题应分解细化，建立问题层次结构。可将复杂问题按具体功能、性能等分解并逐层细化、逐一分析。

c. 分析模型。模型包括各种图表，是对研究对象特征的一种重要表达形式。通过逻辑视图可给出目标功能和信息处理间关系，而非实现细节。由系统运行及处理环境确定物理视图，通过它确定处理功能和数据结构的实际表现形式。

3）需求分析内容

需求分析的内容是针对待开发软件提供完整、清晰、具体的要求，确定软件必须实现哪些任务。具体分为功能性需求、非功能性需求与设计约束三个方面。

a. 功能性需求

功能性需求即软件必须完成哪些事，必须实现哪些功能，以及为了向其用户提供有用的功能所需执行的动作。功能性需求是软件需求的主体。开发人员需要亲自与用户进行交流，核实用户需求，从软件帮助用户完成事务的角度上充分描述外部行为，形成软件需求规格说明书。

b. 非功能能性需求

作为对功能性需求的补充，软件需求分析的内容中还应该包括一些非功能需求。主要包括软件使用时对性能方面的要求、运行环境要求。软件设计必须遵循的相关标准、规范、用户界面设计的具体细节、未来可能的扩充方案等。

c. 设计约束

一般也称做设计限制条件，通常是对一些设计或实现方案的约束说明。例如，要求待开发软件必须使用 Oracle 数据库系统完成数据管理功能，运行时必须基于 Linux 环境等。

4）需求分析过程

需求分析阶段的工作，可以分为四个方面：问题识别、分析与综合、制订规格说明、评审。

问题识别：就是从系统角度来理解软件，确定对所开发系统的综合要求，并提出这些需求的实现条件，以及需求应该达到的标准。这些需求包括：功能需求（做什么）、性能需求（要达到什么指标）、环境需求（如机型、操作系统等）、可靠性需求（不发生故障的概率）、安全保密需求、用户界面需求、资源使用需求（软件运行时所需的内存、CPU 等）、软件成本消耗与开发进度需求、预先估计以后系统可能达到的目标。

分析与综合：逐步细化所有的软件功能，找出系统各元素间的联系，接口特性和设计上的限制，分析他们是否满足需求，剔除不合理部分，增加需要部分。最后综合成系统的解决方案，给出要开发的系统的详细逻辑模型（做什么的模型）。

制订规格说明书：即编制文档，描述需求的文档称为软件需求规格说明书。请注意，需求分析阶段的成果是需求规格说明书，向下一阶段提交。

评审：对功能的正确性，完整性和清晰性，以及其它需求给予评价。评审通过才可进行下一阶段的工作，否则重新进行需求分析。

5）需求分析方法

目前，软件需求的分析与设计方法较多，一些大同小异，而有的则基本思路相差很大。从开发过程及特点出发，软件开发一般采用软件生存周期的开发方法，有时采用开发原型以帮助了解用户需求。在软件分析与设计时，自上而下由全局出发全面规划分析，然后逐步设计实现。

从系统分析出发，可将需求分析方法大致分为功能分解方法、结构化分析方法、信息建模法和面向对象的分析方法。

a. 功能分解方法

将新系统作为多功能模块的组合。各功能可分解为若干子功能及接口，子功能再继续分解。便可得到系统的雏形，即功能分解——功能、子功能、功能接口。

b. 结构化分析方法

结构化分析方法是一种从问题空间到某种表示的映射方法，是结构化方法中重要且被普遍接受的表示系统，由数据流图和数据词典构成并表示。此分析法又称为数据流法。其基本策略是跟踪数据流，即研究问题域中数据流动方式及在各个环节上所进行的处理，从而发现数据流和加工。结构化分析可定义为数据流、数据处理或加工、数据存储、端点、处理说明和数据字典。

c. 建模方法

它从数据角度对现实世界建立模型。大型软件较复杂；很难直接对其分析和设计，常借助模型。模型是开发中常用工具，系统包括数据处理、事务管理和决策支持。实质上，也可看成由一系列有序模型构成，其有序模型通常为功能模型、信息模型、数据模型、控制模型和决策模型。有序是指这些模型是分别在系统的不同开发阶段及开发层次一同建立的。建立系统常用的基本工具是 E—R 图。经过改进后称为信息建模法，后来又发展为语义数据建模方法，并引入了许多面向对象的特点。

信息建模可定义为实体或对象、属性、关系、父类型/子类型和关联对象。此方法的核心概念是实体和关系，基本工具是 E－R 图，其基本要素由实体、属性和联系构成。该方法的基本策略是从现实中找出实体，然后再用属性进行描述。

d. 对象的分析方法

面向对象的分析方法的关键是识别问题域内的对象，分析它们之间的关系，并建立三类模型，即对象模型、动态模型和功能模型。面向对象主要考虑类或对象、结构与连接、继承和封装、消息通信，只表示面向对象的分析中几项最重要特征。类的对象是对问题域中事物的完整映射，包括事物的数据特征（即属性）和行为特征（即服务）。

6）需求分析特点

需求分析的特点及难点，主要体现在以下几个方面。

a. 问题难。主要原因：一是应用领域的复杂性及业务变化，难以具体确定；二是用户需求所涉及的多因素引起的，比如运行环境和系统功能、性能、可靠性和接口等。

b. 时常变化。软件的需求在整个软件生存周期，常会随着时间和业务而有所变化。有的用户需求经常变化，一些企业可能正处在体制改革与企业重组的变动期和成长期，其企业需求不成熟、不稳定和不规范，致使需求具有动态性。

c. 难达成共识。需求分析涉及的人、事、物及相关因素多，与用户、业务专家、需求工程师和项目管理员等进行交流时，不同的背景知识、角色和角度等，使交流共识较难达成。

d. 需求难以达到完备与一致。由于不同人员对系统的要求认识不尽相同，所以对问题的表述不够准确，各方面的需求还可能存在着矛盾。难以消除矛盾，形成完备和一致的定义。

需求难以进行深入的分析与完善。需求理解对不全面准确的分析，客户环境和业务流程的改变。市场趋势的变化等。也会随着分析、设计和实现而不断深入完善，可能在最后重新修订软件需求。分析人员应认识到需求变化的必然性，并采取措施减少需求变更对软件的影响。对必要的变更需求要经过认真评审、跟踪和比较分析后才能实施

[2] 需求工程师

需求工程师是用户与开发人员沟通的桥梁，做好需求分析是一个产品是否能够适应用户要求的关键所在。需求工程师们在了解用户又了解技术的基础上掌控着项目发展的风向标。

7）工作内容

a. 需求分析阶段的工作，可以概括为四个方面：需求获取、需求分析、编写需求规格说明书和需求评审。

b. 需求获取的目的是确定对目标系统的各方面需求。涉及到的主要任务是建立获取用户需求的方法框架，并支持和监控需求获取的过程。

c. 需求分析是对获取的需求进行分析和综合，最终给出系统的解决方案和目标系统的逻辑模型。

d. 编写需求规格说明书作为需求分析的阶段成果，可以为用户、分析人员和设计人员之间的交流提供方便，可以直接支持目标软件系统的确认，又可以作为控制软件开发进程的依据。

e. 需求评审是对需求分析阶段的工作进行复审，验证需求文档的一致性、可行性、完整性和有效性。

f. 对客户进行需求调研，整理客户需求，负责编写用户需求说明书；

g. 负责将完成的项目模块给客户做演示，并收集完成模块的意见；

h. 协助系统架构师、系统分析师对需求进行理解。

8）教育培训

计算机相关专业或管理专业，本科及以上学历。

工作经验：

具有一定的工作经验，如软件开发、需求分析、系统分析；了解软件开发的过程，包括编程语言和数据库，具有一定的技术背景；具有很强的文档撰写能力及表达理解能力，能够理解客户的需求并向设计开发人员清晰的阐述。

9）薪资行情

一般月薪范围在 4 500～9 000 元。【薪资和所处城市有很大关系】

10）发展路径

经过一段时间的工作经验的积累，在需求工程师具有丰富的软件开发经验和相关工作的技术背景，以及具有较强的管理和组织等方面的能力后，其可以向产品经理、技术经理、项目经理的方向发展。

11）需求部岗位职责：

a. 根据客户概要需求及内部需求编写详细需求规格说明书；

b. 系统规划与产品人员进行前期调研和产品设计工作编写调研报告和项目解决方案；

c. 参与系统功能验收工作及用户手册、新增产品功能培训资料的编写；

d. 负责客户（及内部）需求调研及需求反馈的分析；

e. 配合测试人员编写测试计划、测试用例、测试报告的编写、问题缺陷的发现及跟踪、产品用户手册编写。

2. 设计部

使设计管理优化，更好的管理设计资源，真正发挥设计部在公司的重要作用。

[1] 设计部岗位职责

1）所谓商业广告的目的只有一个——卖出产品。

2）初级设计人员的常用软件要熟悉。

3）要有大胆的想法。

[2] 主管副总

负责设计部团队组建和培养，制度建设组织编制设计管理制度和流程，督促和检查其贯彻执行负责各项目全过程设计管理，协调负责各阶段设计单位选择，招标工作负责各阶段设计方案，设计图纸评审，负责设计变更的审批和监督，控制设计费用的拨付、监督设计合同的签订，协调和解决公司内部项目建设中出现的技术问题，指导、监督、考核本部门员工工作，保障工作目标的实现，监督项目设计进度，保证设计质量，组织设计部协调配合公司其他部门工作设计部经理：

1）协助主管各项工作；

2）主持设计产品研究、专业工作界面协调；

3）进行个人绩效考核、监督工作纪律；

4）负责部门日常工作；

[3] 各专业工程师

1）设计产品的研发管理各设计阶段任务书编制；

2）组织成果评审、重要经济指标把控，参与材料选型；

3）封样相关专业设计图纸与变更的管理配合公司内相关部门的工作。

[4] 资料员

1）协助部门领导保管、归档图书、设计文件等资料；

2）对设计部输入及输出的工作指令和工作依据进行分类、传送并保留记录；

3）协助部门领导起草设计部周例会会议纪要、编写设计部工程简讯。

3. 技术部

[1] 技术部部门职能

各小组主要隶属职能：

1）设计组：

a. 根据需求设计软件产品的 UI(用户界面及交互设计)，完成图标设计，整体配色设计；

b. 对推广宣传资料的设计制作；

c. 负责公司产品的视觉设计，包括软件产品界面(包含网页应用、客户端应用等)、图表设计、logo 设计等；

d. 配合产品经理、开发人员完成原型或 DEMO 设计；

e. 负责制定项目 UI 的详细设计规范，参与整理详细功能的设计规范文档；

f. 参与根据新产品的市场需求与技术实现的结合匹配，主动有效的与项目团队成员沟通合作，保证产品高质量按时正常上市；

g. 参与市场调研，归纳产品功能特点、提炼易用性、友好性、特色特点；

h. 负责产品的用户习惯分析、可用性分析、功能设计并撰写相应文档；提交各类产品的 UI 操作方式与流程对比分析报告；

i. 负责快速响应市场及用户的反映，进行设计、优化和完善设计；

j. 网站 CSS 样式代码编写。

2）WEB 开发组

a. 负责 WEB 网站的开发、部署及维护；

b. 明确网站开发的目的、网站开发的需求；

c. 根据网站现有代码，对网站的需求进行分析，制订网站开发所涉及的各种计划，确保网站完成后可以正常安全的运行；

d. 进行设计、编码、文档编写工作，完成所要求的软件特性；

e. 测试和修复，确保将要提交的软件具有良好的质量(其中测试包括黑盒测试：页面样式测试、功能运行测试等，白盒测试：程序代码运行测试等)；

f. 安装、提交开发完成的软件，建立可供用户使用的环境；

g. 对公司用户使用情况及各种情况的数据统计；

h. 解决公司产品线中相关的技术难题，提供技术支持；

i. 负责公司网络安全和信息安全的工作；

j. 负责参股公司技术问题；

k. 开发 Web Service 服务相关接口；

3）数据库维护

a. 维护公司网络，硬件、软件等设备的设施；

b. 配合公司风控、财务、客服、市场等部门的数据调整和维护网站的业务正常运行；

c. 软件测试环境搭建包括测试数据库服务器搭建、源代码管理软件搭建、测试 Web 站点搭建、自动服务搭建。

4）APP 开发组

a. 根据公司产品发展方向，参与手机客户端产品研发；

b. 积极配合 UI 设计师和产品策划人员研究并改善用户体验；

c. 根据项目需求，独立负责公司 Android、IOS 平台下的产品应用程序设计、开发、维护；

d. 根据需求进行手机客户端软件的设计、开发和维护；

e. 与项目相关人员配合共同完成手机应用软件的开发设计工作；

f. 遵循软件开发流程，独立的进行应用及人机界面软件模块的设计和实现；

g. 手机应用软件开发环境（平台及工具软件）的设计、实现和维护；

h. 按照项目计划在保证质量的前提下、撰写规范技术文档按时提交高质量代码完成开发任务；

i. 整理 SDK 以及用户常见问题文档。

5）运维组

a. 负责桌面计算机软硬件（计算机、显示器、电话、网络设施和其他附属硬件设施，打印机、扫描仪）安装、配置、升级、运行维护与管理，保障桌面系统正常运行，满足日常工作的需要；

b. 负责对网络设备、服务器及安全系统等运行监控与管理，负责对公司综合布线系统的维护与管理；

c. 负责网络以及服务器的网络设置、维护和优化、网络的安全监控、系统性能管理和优化、网络性能管理和优化；

d. 撰写运维技术文档，统计整理运维数据；

e. 负责配合开发搭建测试平台，协助开发设计、推行、实施和持续改进。

[2] 技术部体系文件

1）目的

对设计和开发全过程进行策划和控制，确保产品能满足顾客的期望、需求及有关法律、法规的要求。

2）范围

适用于本公司各类产品的设计和开发活动。

3）职责

技术开发部是产品设计和开发的归口管理部门，负责产品设计和开发的全过程，并负责制造过程中的技术服务。

市场部负责设计和开发过程输入文件的提供，产品在使用中用户信息的反馈。

采购部负责设计和开发过程所需物资的采购。生产部负责生产计划的制定，组织产品生产。

其他单位按各自的职责范围配合工作。

[3] 技术部基本要求

1）设计和开发的策划

依据项目的正式合同，市场部组织有关部门进行设计和开发的策划。

策划形式：项目启动会；

策划人员：各职能部门和相关生产单元的领导或主管。

2）策划内容：

a. 根据合同内容明确项目任务、项目周期、项目目标及特殊要求；

b. 针对项目任务和目标进行各部门职责和权限的划分，明确在设计和开发的各个阶段，明确各部门的项目负责人，工作内容和要求；

c. 依据项目的总体周期，划分设计和开发过程中各个环节的周期和节点。

① 策划结果：根据项目启动会的要求由生产部形成“项目生产进度表”，经各部门主管确认，主管领导批准后开始实施；

②“项目生产进度表”可随产品目标、资源等变化，做出适当的修改或更新，由生产部进行控制和更新。

3）设计和开发输入的评审

a. 评审的形式：项目评审会；

b. 评审人员：技术部的领导、主管、项目负责人和相关设计人员；

c. 评审内容：

① 明确项目内容和各个设计环节的节点要求，指定设计、校对、审核人员。

② 明确产品功能和性能要求，确认客户所提供的技术资料是否齐全，包括技术协议、设计标准、设备参数资料、与所设计开发的产品品质相关的资料，如：品质基准书、孔位要求和装配关系等，如有未定事项负责人尽快进行确认解决；

③ 明确技术协议中所有与设计工作相关的事项，另外，与其他部门相关的事项，由项目负责人进行分类、摘录和下传；

④ 根据以往类似产品所提供的经验和信息，分析预见该产品可能出现的问题，并制定相关解决预案；

⑤ 项目的特殊要求和其他注意事项；

d. 评审的结果：由项目负责人填写“设计开发计划任务书”和“设计输入评审报告”，传签后报部门主管批准。

4. 测试部

测试是为了发现程序中的错误而执行程序的过程。通俗的说，测试需要在发布软件之前，尽可能地找软件的错误，尽量避免在发布之后给用户带来不好的体验，并要满足用户使用的需求。

［1］目的

a. 发现程序员代码错误以及逻辑错误；

b. 审核软件是否符合客户需求；

c. 提高客户体验；

1）测试有以下几种类型

a. 功能测试：对软件功能进行测试，检查软件的各项功能是否实现了软件功能说明书（软件需求）上的要求。

b. 界面测试：对用户界面进行测试，检查用户界面的美观度、统一性、易用性等方面的内容。

c. 流程测试：按操作流程进行测试，主要有业务流程、数据流程、逻辑流程、正反流程，检查软件在按照流程操作时是否能够正确处理。

d. 并发测试：在网络环境、并发环境和多用户条件下对软件进行的测试。

e. 极限测试：在软件的极限条件下进行的测试，主要有对数据的极限值、边界值操作，对软件进行致命操作等。

f. 数据处理测试：对软件数据接口进行的测试，主要检查软件数据处理中输入、处理、输出数据过程。

g. 安全测试：对软件安全性方面的测试，主要检测软件中加密、解密、数据备份、恢复、病毒检测等问题。

h. 性能测试：对软件整体性能的测试，测试内容有适应性、健壮性、可恢复性、灾难恢复能力等。

i. 安装测试：在不同 PC 条件、操作系统、模拟客户机等条件下进行软件的安装测试，主要检查软件打包或发布之后存在的问题。

j. 性能测试：对软件整体性能进行测试，测试的内容有适应性、健壮性、可恢复性、灾难恢复能力等。

［2］测试部的职能：

简单地是对一个运行的程序进行检测错误（如果有）的过程。

（1）与软件产品部配合完成软件需求分析讨论，并根据相关的需求说明书制订《项目测试方案》，编写《测试用例》，建立测试环境；

（2）负责完成研发部各开发组研发的软件产品、开发过程和投入运营之前的新增软件和修改升级软件的功能、性能、灰盒测试、系统集成测试等；

（3）建立、推广并维护实施软件配置管理系统；

（4）使用并维护软件缺陷管理工具、测试管理工具，负责软件问题解决过程跟踪、记录至 WIKI 上等；

（5）负责推广实施软件开发、测试文档的规范化工作，进行相关测试手册、测试计划、测试用例、测试管理、功能测试报告、性能测试报告、产品的安装配置手册、产品用户使用手册等相关文档的编写与整理；

（6）负责配合软件运维部门等对于新业务软件或修改升级业务软件的上线测试工作、

上线维护反馈工作，并提供上线测试报告；

(7) 负责监督软件开发流程的执行，并负责对软件开发过程中存在的相关问题提出自已的改进建议，提高软件产品的整体质量。

[3] 测试部岗位职责：

a. 创建与改进公司的软件测试过程。

b. 根据公司的要求和标准制定和完善测试规程、标准、方法和相关模板。

c. 测试公司开发类和升级类软件产品，并在测试生命周期的每个阶段提交对应的测试文档。

d. 协助应用营销部和其他相关部门收集客户需求信息，制定需求规格说明书、测试用例、用户手册的相关标准。

e. 协助开发部门收集测试数据，不断提出软件过程改进的规程、过程、方法和工具。

f. 包括公司电话咨询、问题反馈、在线支持、现场支持、E-mail 回复及相关的技术支持。

5. 研发部

研发即研究开发、研究与开发、研究发展，是指各种研究机构、企业或个人为获得科学技术(不包括人文、社会科学)新知识，创造性运用科学技术新知识，或实质性改进技术、产品和服务而持续进行的具有明确目标的系统活动。

2016 年 2 月，美国国家科学基金会发布的《美国科学与工程指标》显示，中国已成为不容置疑的世界第二研发大国。

所了解，全球研发支出总体呈上升趋势，并仍集中在北美、欧洲及东亚和东南亚地区。美国仍然是世界第一研发大国，中国居第二位，中国的研发开支接近欧盟的总和。在按购买力平价计算的全球研发总支出当中，中国约占 20%，仅次于美国(27%)；日本居第三位，占 10%；德国第四，占 6%；接下来是韩国、法国、俄罗斯、英国和印度，他们分别占全球研发支出总额的 2%至 4%。

[1] 研发分类

1) 理论研发

理论研发，对新的理论研究，得到新的理论知识点。例如，对 IC 芯片的单元晶体管的栅极金属研究开发。该研发并不涉及具体实际产品应用领域，而是理论研究，得到新的内容。

又如药品研究和发展，其中包括药品从选型、临床到药品上市的过程。

2) 产品研发

产品研发是实际制造，开发的产品内容。比如任何可视消费品都是产品研发。产品研发是制造型企业生存根本。一个企业如果没有产品研发，只是一个纯代理制造空盒，利润非常低，而且生存空间非常小。

产品内容涉及到：电脑虚拟产品以及现实产品。电脑虚拟产品研发成本较低，主要是依靠高知识人才来研发新的产品。比如，网络游戏，PC 软件产品。正是这些这些企业投入非常低，所以自从电脑诞生以来，这些企业非常迅速。手机产品研发集成。

现实产品研发。涉及基本制造要求，也有脱离制造相关的产品，但是最终还是依靠制造商完成最终产品生产。这些企业投入成本非常高，设备非常多。

[2] 研发部岗位职责

1．产品（包括产品升级）构思设计

（1）行业需求研究

（2）产品规划与构思

（3）产品项目的跟踪与监督

（4）产品开发验收及测试

（5）对产品部进行新产品使用、功能介绍培训

2．基础技术研究

（1）技术发展研究

（2）应用技术研究构思

（3）基础研究项目的跟踪与监督

（4）组织验收

3．对产品项目与技术开发项目进行跨部门的项目管理

4．部门技术资料管理

5．协助项目部进行售前工程师技术培训

6．完成总经理办公室指派的其他任务

［3］研发部职责范围

1）严格遵守公司管理制度；

2）负责公司新产品，新技术的调研、论证、开发、设计工作；

3）组织实施研发规划；

4）制定研发规范、推行并优化研发管理体系；

5）组建公司的技术平台、评估研发平台投资；

6）研发部门的团队建设、岗位定义、岗位职责要求、员工考核、资源调度；

7）评估产品研发的技术可行性；

8）制定新产品开发预算和研发计划，并组织实施；

9）监控每个研发项目的执行过程；

10）组织研发成果的鉴定和评审；

11）汇总每个项目的可重用成果，形成内部技术和知识方面的的资源库；

12）分析总结研发过程的经验和教训，提高研发质量；

13）做好公司标准和专利（知识产权）规划，实施相关标准及申请专利，代表公司参与标准协会或者标准组织；

14）公司未来的业务发展的预研，如产品预研和技术预研；

15）规划组织现有产品的改进；

16）制定并实施研发人员的培训计划；

17）按工作程序做好与销售部等相关部门的横向沟通，及时解决部门之间的争议；

18）完成上级交办的其他工作。

6．维护部

维护部岗位职责：

全面负责公司业务有关的程序的开发和维护工作，对项目负责，负责公司项目的设计、

编码、内部测试的组织和实施，按照标准流程对技术开发的代码和文档进行管理，及时完成上级交派的各项技术开发任务。

1. 全面负责技术开发工作，并严格按照公司的标准流程进行开发和代码管理等工作；

2. 掌握必要的技术开发技能，满足日常开发工作的需求；

3. 建立标准的技术开发流程，方便公司对技术开发进行更好的管理；

4. 负责更换，维护公司已有软件或设备，解决在日常遇到的各类技术问题；

5. 良好的学习能力，不断提高自身业务水平；

6. 恪守保密原则，不将公司内部机密外泄或用于其它不合法的用途，提交可供审核评定的工作成果，保证公司软件系统的正常使用，积极完成上级领导制定的其他开发任务。

1.3 程序员岗位职责

程序员的岗位职责较多，具体有以下几个方面。

1. 对项目负责，负责软件项目的详细设计、编码和内部测试的组织实施，对小型软件项目兼任系统分析工作并完成分配项目的实施和技术支持工作。

2. 协助项目经理和相关人员同客户进行沟通，保持良好的客户关系。

3. 参与需求调研、项目可行性分析、技术可行性分析和需求分析。详细记录用户的需求，结合自身所掌握的编程技术，提出初步解决方案。详细深入的掌握所承担项目的需求分析和设计报告。尽职尽责编写出实现各项功能的完整代码。

4. 熟悉并熟练掌握交付技术部开发的软件项目的相关软件技术。

5. 负责向项目经理、部门经理及时反馈实际工作中遇到的问题、开发中的情况，并根据实际情况提出改进建议。

6. 参与软件开发和维护过程中重大技术问题的解决，参与软件首次安装调试、数据割接、用户培训和项目推广。

7. 负责相关技术文档的拟订。

8. 负责对业务领域内的技术发展动态进行分析研究。

9. 承担相应的保密职责。

10. 完成部门经理/副经理或项目经理交办的相关技术工作。

11. 树立商讯传媒的专业形象，保证商讯传媒的名誉不受到侵害。

12. 定期参加部门人员培训(包括:技术、职业素质等)。

以下分类叙述。

[1] 网站程序员岗位职责

1) 岗位职责：

1. 编写开发计划，负责公司旗下网站功能改进计划和网络安全计划的编写；

2. 网站功能修改和升级，按照计划的时间和质量要求，对网站前后台功能进行修改和升级；

3. 日常业务开发，每天程序员根据公司网站业务需要开发，制作程序修改要求；

4. 网站开发前期必需先测试，测试成功后方可上传；

5. 软硬件维护，负责每半个月必须对公司旗下网站软硬件设施进行安全和稳定性巡检。

2）任职要求：

1. 熟练应用 PhotoShop、Flash、Dreamweaver 等网页制作软件，兼容问题；

2. 熟悉.net 平台上的语言及网站建设流程，能独立完成网站设计工作；

3. 精通 Div css，能独立设计网站；

4. 熟悉网站优化推广方式和技巧；

5. 熟悉 Linux 网站服务器环境搭建。

[2] PHP 程序员岗位

岗位职责：

1. 负责协助技术总监进行技术评测，bug 处理，代码开发；

2. 负责网站数据库、栏目、程序模块的设计与开发；

3. 负责根据公司要求进行 erp、oa、crm 系统等项目开发；

4. 按时按质完成公司下达程度开发、系统评测等工作任务；

5. 定期维护网站程序，处理反馈回来的系统 bug；

6. 网站程序开发文档的编写。

2）PHP 程序员岗位要求：

1. 良好的代码习惯，要求结构清晰、命名规范、逻辑性强、代码冗余率低；

2. 熟悉 Mysql，有较为熟练地掌握 mysql 语言及编写存储过程、触发器等数据库开发的能力；

3. 精通 PHP 语言，精通 CGI 标准和 HTTP 等互联网协议；

4. 熟练掌握 javascript、div+css 等 web 前端布局及多浏览器兼容相关技术；

5. 英文水平过硬，能基本不借助字典快速阅读英文文档；

6. 熟练使用 Linux 或 UNIX 系统，熟悉在 Linux、UNIX 下配置 php+mysql 的运行环境；

7. 有良好的沟通、协调能力和学习能力，具备良好的团队合作精神，对工作积极严谨踏实，能承受较大的工作压力。

3）PHP 程序员发展方向：

程序员—系统分析员—架构师—技术经理—CTO；

程序员—项目组长—项目经理—项目总监—CTO；

程序员—产品设计师—产品经理—CTO。

[3] Java 程序员（岗位职责）

1）岗位职责：

1. 参与需求分析、概要设计、数据库设计等；

2. 根据开发规范与流程完成模块的设计、开发及相关文档；

3. 协助完成项目的测试、系统交付、开发质量工作，对项目实施提供支持；

4. 参与方案讨论和技术调研，负责方案升级、更新。

2）任职要求：

1. 三年以上 JAVA 开发工作经验，能进行创造性的工作；

2. 熟练掌握 JAVA、JSP/SERVLET、JDBC 等 J2EE 相关技术；

3. 精通 MVC 模式下的 B/S 开发，熟悉 Struts/Hibernate/Spring 等开源架构；

4. 具有 SSH 开发经验者优先；

5. 能熟练使用 SQL 语言，熟悉 Oracle、MySql 数据库；

6. 熟悉开源应用服务器；

7. 精通 ExtJs 前端设计技术或者 Flex 开发；

8. 熟悉 MyEclipse 开发工具，熟练使用 SVN 文件管理工具等；

9. 有 ANDROID，IOS 开发经验优先考虑；

10. 有良好的职业道德和工作态度，工作认真，学习能力强，责任心和进取心强；

[4] c++程序员岗位职责

1）岗位职责

1. 按照既定计划完成游戏服务端的开发工作，根据策划的需求增加或修改服务端的功能；

2. 使用管理工具对服务器进行日常的运维管理；

3. 按照要求书写项目文档，填写项目进度；

4. 与客户端开发人员协同工作，主导完成通讯相关的功能开发。

2）任职要求

1. 具备良好的职业素养，与人为善，善于沟通，易于协作，具备良好的学习能力，视野开阔，具有一定的互联网思维；

2. 熟练掌握 C 和 C++语言，能熟练编写控制台程序；

3. 了解 TCP/IP 协议，熟悉 SOCKET 编程；

4. 了解多线程，高并发程序的设计；

5. 了解数据库操作和维护，熟练掌握数据库编程。

3）c++程序员岗位职责页面介绍

智联招聘经过大数据分析，为各位求职者提供关于 c++程序员的岗位职责，包括岗位职责内容、任职要求、岗位工资分布情况、岗位学历分布情况、岗位专业分布及对应专业就业趋势等。让求职者更好的了解关于 c++程序员的岗位职责。

[5] NET 程序员岗位职责

1）岗位职责

1. 参加用户需求调研，详细记录用户的需求；

2. 用 NET 编程语言编写出实现各项功能的完整代码；

3. 负责网站代码的优化和维护，保证网站的运行效率；

4. 按时按质按量地完成日常公司网站业务的编程开发技术工作；

5. 负责系统或软件的持续优化和改进。

2）任职要求

1. 一年以上 .NET 开发经验，有当主程序员的工作经历；

2. 掌握 ASP. NET、C#、CSS、JavaScript、XML、JQuery、AJAX 等开发技术；

3. 熟悉关系数据库知识，熟练编写 SQL 语言、存储过程；能熟练使用 SQL Server 数据库或者 Oracle 数据库；

4. 优秀的面向对象设计经验，熟悉常用的设计模式；

5. 有良好的软件工程知识和质量意识，有优良的编程风格习惯。

[6] 程序员的分类

1) 拷贝型

拷贝型选手就是传说中的“代码拷贝员”了，他们对实现功能几乎没有思路，所做的事情就是从网上或是之前其他团队成员写的代码中拷贝出片段，然后放到项目中，如果运行项目出现了期望结果，则表示任务完成。

这类人只会改代码，却不会写代码。他们大多对编程毫无兴趣，只是希望以此糊口；又或是加入了平庸的团队，无法感受到技术的魅力。

2) 新手型

当产品有功能需求时，由于经验有限，程序员并不完全知道要如何实现这个功能，需要通过学习、寻找资料等方式来解决问题。

这种情况下的编码过程，程序员的主要目标是“完成功能”，那么很难有多余的心思去考虑边界条件、性能、可读性、可扩展性、编码规范等问题，因此代码 BUG 可能较多，稳定性不高。常常会发生开发花费一个月，改 BUG 却要改上好几个月的事情。

3) 学习型

这类程序员对所在领域的语言已经比较了解，对于一般功能可以有较为清晰的实现思路，给出需求时可以通过自己的思路来实现，并且会在一定程度上考虑边界条件和性能问题。但仅此而已，他们对可读性和可扩展性考虑很少，也没有项目级别的考虑，主要是希望通过实现代码来练手或是学习。

这类程序员最大的表现在于喜欢“创造代码”，即使有现成的实现，他们也希望自己来实现一套，以达到“学习”的目的。他们不喜欢复用别人的代码，看见项目中别人实现了相类似的功能，他们会以“需求不同”的借口来自己重新实现一套。这类人一般来说对技术有着较为浓厚的兴趣，希望能够通过项目来进行学习。

从项目的角度来说，这种做法最大的麻烦在于开发周期可能较长(相比直接使用现成的实现)，并且会使得项目代码膨胀，影响未来的维护。但这类程序员由于有兴趣，如果好好培养或许会成为明天的牛人。

4) 实现型

这类程序员一般有较为丰富的经验，由于写得太多，因此不再追求“创造代码”来进行学习，同时对所在领域可能涉及的很多第三方框架或是工具都比较熟悉，当接受到产品需求时，对功能实现方案已经了然于胸，因此他们可以快速的实现需求，并且对边界、性能都有一定程度的考虑。因为能够快速实现需求功能，经常会被团队评价为“牛人”。但他们一般仅仅停留在“完成功能”级别上，对代码的可读性、可扩展性、编码规范等考虑较少，对项目总体把握也较少(例如控制项目膨胀、方便部署等架构级别的东西)。

这类程序员最大的表现在于喜欢“开发项目”，却不喜欢“维护项目”。他们产出的代码最大的问题就是维护较为困难，可能过上几个月回头看自己的代码都会晕头转向。因此即使是自己写的代码，仍然不愿意维护，一般会苦了后来人。

因为接口设计的缺乏，当需求变更时，发现代码要改的东西太多，然后抱怨需求变化，却很少认为是自己的代码问题。这样的项目如果经过长时间的变更维护，最终会变得难以维护(一般表现在需求变更响应时间越来越长)甚至无法维护，最终要么是半死不活，要么是被推倒重来。

5）架构型

这类程序员比实现型更进一步，他们经验丰富，对相关框架和工具等都很熟悉，“完成功能”“稳定性”“性能”这些已经不再是他们的追求，更优美的代码、更合理的架构才是目标。

这类程序员接口设计大多建立在对需求变更的预测上，即灵活又不过度设计——可扩展性好；代码细节也尽量多的考虑边界情况、性能——稳定高效；代码命名、注释及逻辑分离都恰到好处，语义丰满——可读性较高；同时在开发过程中他们会不断重构，对代码做减法——保证项目可持续发展等。

1.4 程序员岗位能力与资格要求

1. 程序员岗位能力

(1) 熟悉开发工具

一名程序员应当至少熟练掌握两到三种开发工具的使用，熟悉开发工具是程序员的立身之本，其中C/C++和JAVA是重点推荐的开发工具，C/C++以其高效率和高度的灵活性成为开发工具中的利器，很多系统级的软件还是用C/C++编写。而JAVA的跨平台与WEB很好的结合是JAVA的优势所在，而JAVA即其相关的技术集JAVAOne很可能会成为未来的主流开发工具之一。其次，能掌握一种简便的可视化开发工具，如VB，PowerBuilder，Delphi则更好，这些开发工具减小了开发难度，并能够强化程序员对象模型的概念。另外，需要掌握基本的脚本语言，如shell，perl等，至少能读懂这些脚本代码。

(2) 熟知数据库

为什么数据库如此重要？很多应用程序都是以数据库的数据为中心，而数据库的产品也有不少，其中关系型数据库仍是主流形式，所以程序员至少熟练掌握一两种数据库，对关系型数据库的关键元素要非常清楚，要熟练掌握SQL的基本语法。虽然很多数据库产品提供了可视化的数据库管理工具，但SQL是基础，是通用的数据库操作方法。如果没有机会接触商业数据库系统，可以使用免费的数据库产品是一个不错的选择，如MYSQL，Postgres等。

(3) 了解操作系统

当前主流的操作系统是Windows、Linux/Unix，熟练地使用这些操作系统是必须的，但只有这些还远远不够。要想成为一个真正的编程高手，需要深入了解操作系统，了解它的内存管理机制、进程/线程调度、信号、内核对象、系统调用、协议栈实现等。Linux作为开发源码的操作系统，是一个很好的学习平台，Linux几乎具备了所有现代操作系统的特征。虽然Windows系统的内核实现机制的资料较少，但通过互联网还是能获取不少资料。

随着技术的发展，软件与网络的无缝结合是必然趋势，软件系统的位置无关性是未来计算模式的重要特征之一，DCOM/CORBA是当前两大主流的分布计算的中间平台，DCOM是微软COM(组件对象模型)的扩展，而CORBA是OMG支持的规范。XML/WebServices重要性不言而喻，XML以其结构的表示方法和超强的表达能力被喻为互联网上的“世界语”，是分布式计算的基石之一。

(4) 不要将软件工程与CMM分开

大型软件系统的开发中，工程化的开发控制取代个人英雄主义，成为软件系统成功的保证，一个编程高手并不一定是一个优秀的程序员，一个优秀的程序员是将出色的编程能力和开发技巧同严格的软件工程思想有机结合，编程只是软件生命周期中的其中一环，优秀的程序员应该掌握软件开发各个阶段的基本技能，如市场分析、可行性分析、需求分析、结构设计、详细设计、软件测试等。

(5) 需求理解能力

程序员要能正确理解任务单中描述的需求。在这里要明确一点，程序员不仅仅要注意到软件的功能需求，还应注意软件的性能需求，要能正确评估自己的模块对整个项目中的影响及潜在的威胁，如果有着两到三年项目经验的熟练程序员对这一点没有体会的话，只能说明他或许是认真工作过，但是没有用心工作。

(6) 模块化思维能力

作为一个优秀的程序员，他的思想不能局限在当前的工作任务里面，要想想看自己写的模块是否可以脱离当前系统存在，通过简单的封装在其他系统中或其他模块中直接使用。这样做可以使代码能重复利用，减少重复的劳动，也能使系统结构越趋合理。模块化思维能力的提高是一个程序员的技术水平提高的一项重要指标。

2. 程序员资格要求

(1) 团队精神和协作能力

团队精神和协作能力是作为一个程序员应具备的最基本的素质。软件工程已经提了将近三十年了，当今的软件开发已经不是编程了，而是工程。独行侠可以写一些程序也能赚钱发财，但是进入研发团队，从事商业化和产品化的开发任务，就必须具备这种素质。可以毫不夸张的说这种素质是一个程序员乃至一个团队的安身立命之本。

(2) 文档习惯

文档是一个软件系统的生命力。一个公司的产品再好、技术含量再高，如果缺乏文档，知识就没有继承，公司还是一个材料加工的软件作坊。作为代码程序员，必须将30%的工作时间用于写技术文档，没有文档的程序员势必会被淘汰。

(3) 规范化的代码编写习惯

软件公司的代码的变量命名、注释格式，甚至嵌套中行缩进的长度和函数间的空行数字都有明确规定，良好的编写习惯，不但有助于代码的移植和纠错，也有助于不同技术人员之间的协作。

(4) 测试习惯

测试是软件工程质量保证的重要环节，但是测试不仅仅是测试工程师的工作，而是每个程序员的一种基本职责。程序员要认识测试不仅是正常的程序调试，而要是要进行有目的有针对性的异常调用测试，这一点要结合需求理解能力。

(5) 学习和总结的能力

程序员是很容易被淘汰的职业，所以要善于学习总结。许多程序员喜欢盲目追求一些编码的小技巧，这样的技术人员无论学了多少语言，代码写起来多熟练，只能说他是一名熟练的“代码民工”(“码农”),他永远都不会有质的提高。一个善于学习的程序员会经常总结自己的技术水平,对自己的技术层面要有良好的定位,这样才能有目的地提高自己。这样才能逐步提高,从程序员升级为软件设计师、系统分析员。

(6) 拥有强烈的好奇心

什么才是一个程序员的终极武器呢?那就是强烈的好奇心和学习精神。没有比强烈的好奇心和学习精神更好的武器了,它是程序员们永攀高峰的源泉和动力所在。

第2章 程序员岗位实训任务和操作案例

2.1 程序员岗位实训任务

程序员岗位实训，应该与采取项目小组形式开展的岗位实训同步进行。一般实训小组长担任程序员。本章实训任务描述只起示范作用，教师可根据小组实际实训项目进行描述。

2.1.1 实训任务名称

一、图书管理系统的程序员工作

1. 图书管理系统开发流程

(1) 项目的角色划分

如果不包括前、后期的市场推广和产品销售人员，开发团队一般可以划分为项目负责人、程序员、美工三个角色。项目负责人负责项目的人事协调、时间进度、项目的需求分析、策划、设计等安排，以及处理一些与项目相关的其它事宜。程序员主要负责代码编写、软件整合、测试、部署等环节的工作。美工负责软件的界面设计、版面规划，把握软件的整体风格。如果项目比较大，可以按照三种角色把人员进行分组。

角色划分是软件项目技术分散性甚至地理分散性特点的客观要求，分工的结果还可以明确工作责任，最终保证了项目的质量。分工带来的负效应就是增加了团队沟通、协调的成本，给项目带来一定的风险。所以项目经理的协调能力显得十分重要，程序开发人员和美工在项目开发的初期和后期，都必须有充分的交流，共同完成项目的规划测试和验收。

(2) 开发工具的选取

在 WinowsXP 环境下，程序员使用的编程工具选用 C++，美工使用的画图工具选用 CorelDRAW，数据库选用 SQL 数据库。程序员全部用文本编辑器书写代码。统一工具的好处是可以保持同一个项目文档的一致性，便于开发人员的交流和文档的保存。

(3) 项目开发流程

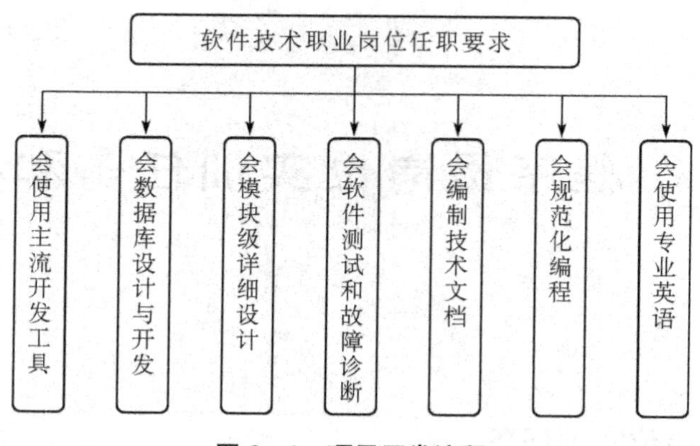

图 2-1　项目开发流程

2. 需求分析

一个完善的图书管理系统，能提供便捷与强大的信息查询功能。用户的需求具体表现在各种信息的提供、保存、更新和查询，这就要求数据库结构能充分满足各种信息的输出和输入。收集基本数据、数据结构以及数据处理的流程，组成一份详尽的数据字典，为以后的具体设计打下基础。针对一般图书馆管理信息系统的需求，通过对图书管理工作过程的内容和数据流程分析，设计如下面所示的数据项和数据结构：

(1) 读者种类信息，包括的数据项有：种类编号、种类名称、读者性别、工作单位、家庭住址、电话号码、办证日期等。

(2) 读者信息，包括的数据项有：读者编号、读者姓名、读者种类、读者性别、工作单位、家庭住址、电话号码、办证日期等。

(3) 数据类别信息，包括的数据项有：类别编号、类别名称等。

(4) 数据信息，包括的数据项有：书籍编号、书籍名称、书籍类别、作者姓名，出版社名称、出版日期、登记日期等。

(5) 借阅信息，包括的数据项有：借阅信息编号、读者编号、读者姓名、书籍编号、书籍名称、借书日期、还书日期等。

3. 概念结构设计

得到上面的数据项和数据结构后，就可以设计出能够满足用户需求的各种实体，以及它们之间的关系，为后面的逻辑结构设计打下基础。根据上面的设计规划出的实体有：读者类别信息实体、读者信息实体、书籍类别信息实体、书籍信息实体、借阅信息实体。

2.1.2　实训任务场景

小王是A软件开发公司的资深程序员，一天小王接到通知参加本公司接到的某高校图书管理系统项目的开发工作，项目简称为MIS。程序员告诉小王，该项目的客户是某高校图书馆工作人员和普通用户，需要设计并实现如下四个子系统，分别是登录子系统、查询子系统、借还子系统、管理子系统。具体功能是:登录子系统,它主要提供用户登录功能,并按各用户的权限使用本系统。本系统分三类用户:管理员的权限是借还书和管理书;超级管理员的权限是管理读者,管理图书分类,管理管理员登录帐户,管理逾期图书(借还书用户)。查询子系统,主要用于查询图书,其中直接查询包括按图书编号直接查询,按书名查询,按作者查询,按出版社查询(可选模糊查询),多条件查询可以按读者的要求选取所需要的图书直接查询和模糊查询。借阅子系统,主要由图书管理员进行借书还书记录的登记和清除,它分别由两个界面:借书操作界面和还书界面构成。借阅管理子系统,分别是由图书管理员管理图书(包括图书信息的修改、新图书的增加、旧图书的删除),超级管理员管理图书分类,管理信息,管理管理员登录帐户,管理逾期未还图书;普通用户,借还书。

2.1.3　实训目标任务

一、知识与技能目标

熟悉程序员岗位相关的知识点和技能,完成以下任务:

(1) 小王需要带领该项目组其他程序员共同构建该系统开发与运行环境;

(2) 创建数据库实例,创建完整数据库;

(3) 完成对数据源的通用数据读取操作的组件代码编写;

(4) 完成该系统人机界面组件的设计;

(5) 实现数据处理与转换的组件代码编写;

(6) 将各部分组件结合成完整的系统并进行测试;

(7) 修正该系统调试与测试中发现的问题;

(8) 编写该系统的操作手册与用户手册;

(9) 编写该系统的帮助文档;

(10) 制定培训计划;

(11) 系统部署。

二、素质目标:能沟通、团结合作

2.1.4　实训所需环境

本实训是根据《图书管理系统》的架构设计、详细设计和编码指南进行开发和部署的,因此在进行本实训前必须要进行图书管理系统的架构设计、详细设计才能开展本项目,因此本实训并不能独立存在,其必须依附于前期工作而开发。

2.1.5　主要实施步骤

依据具体项目任务书,提出本次实训的主要实施步骤,详细操作步骤参见本教材“第三章作业指导书”

2.1.6 实训总结要求

(1) 提交实训总结报告,总结实训中所遇到问题及解决方法、实训学习感想、对实训教学改进建议等,实训结束将采取答辩形式;

(2) 提交实训报告附件:所有文档电子稿及软件包存档并上交;对于实训过程中产生的手写文档,需进行扫描或拍照形成PDF格式文档存档并上交;

(3) 必选附件:软件包;

(4) 模块开发卷宗;

(5) 操作手册;

(6) 用户手册;

(7) 帮助文档;

(8) 培训计划书。

2.1.7 实训操作参考

实施步骤参考:本教材"第三章程序员岗位作业指导书"。

实施文档参考:本教材"第四章程序员文档模板"。

实训案例参考:本教材"第二章程序员岗位操作案例"。

实训报告参考:本教材附录"软件岗位实训报告模板"。

另,可参阅相关参考文献以及网络资源。

2.2 程序员岗位作业操作案例

2.2.1 任务场景

小王是A软件开发公司的资深程序员,一天小王接到通知参加本公司接到的某高校图书管理系统项目的开发工作,项目简称为MIS。程序员告诉小王,该项目的客户是某高校图书馆工作人员和普通用户,需要设计并实现如下四个子系统,分别是登录子系统,查询子系统,借还子系统,管理子系统。具体功能是:登录子系统,它主要提供用户登录功能,并按各用户的权限使用本系统,本系统分三类用户:权限查询,管理员的权限是借还书和管理书,超级管理员的权限是管理读者,管理图书分类,管理管理员登录帐户,管理逾期图书,普通用户,借还书。查询子系统,主要用于查询图书,其中直接查询包括按图书编号直接查询,按书名查询,按作者查询,按出版社查询(可选模糊查询),多条件查询可以按读者的要求选取所需要的图书直接查询和模糊查询,多条件查询。借阅子系统,主要由图书管理员进行借书还书记录的登记和清除,它分别由两个界面:借书操作界面和还书界面构成。借阅管理子系统,分别是由图书管理员管理图书(包括图书信息的修改,新图书的增加,旧图书的删除),超级管理员管理图书分类，管理信息，管理管理员登录帐户，管理逾期未还图书，普通用户借还书。

项目任务书如下。

表 2－1　项目任务书样例

<table>
<tr><td>F 项目编号</td><td colspan="5">201203003—B—CN—MIS</td></tr>
<tr><td>项目名称</td><td colspan="2">图书管理系统</td><td colspan="2">项目名称英文简写</td><td>MIS</td></tr>
<tr><td>客户名称</td><td colspan="5">某高校</td></tr>
<tr><td>立项日期</td><td>2012/3/26</td><td>开始日期</td><td>2012/2/13</td><td>结束日期</td><td>2013/3/31</td></tr>
<tr><td>程序员</td><td>张三</td><td>程序员</td><td colspan="3">王一、李五、朱三</td></tr>
<tr><td>项目概述</td><td colspan="5">该项目的客户是某高校图书馆工作人员和普通用户，需要设计并实现如下四个子系统，分别是登录子系统，查询子系统，借还子系统，管理子系统。登录子系统，它主要提供用户登录功能，并按各用户的权限使用本系统，本系统分三类用户：权限公查询，管理员的权限是借还书和管理书，超级管理员的权限是管理读者，管理图书分类，管理管理员登录帐户，管理逾期图书，普通用户，借还书。查询子系统，主要用于查询图书，其中直接查询包括按图书编号直接查询，按书名查询，按作者查询，按出版社查询。借阅子系统，主要由图书管理员进行借书还书记录的登记和清除，它分别由两个界面：借书操作界面和还书界面构成。借阅管理子系统，分别是由图书管理员管理图书（包括图书信息的修改，新图书的增加，旧图书的删除），超级管理员管理图书分类，管理信息，管理管理员登录帐户，管理逾期未还图书</td></tr>
<tr><td rowspan="4">合同关键约束</td><td>里程碑名称</td><td>开始时间</td><td>结束时间</td><td colspan="2">交付/验收要求</td></tr>
<tr><td></td><td></td><td></td><td colspan="2"></td></tr>
<tr><td></td><td></td><td></td><td colspan="2"></td></tr>
<tr><td></td><td></td><td></td><td colspan="2"></td></tr>
</table>

2.2.2　任务目标

1. 小王需要带领该项目组其他程序员共同构建该系统开发与运行环境；
2. 创建数据库实例，创建完整数据库；
3. 完成对数据源的通用数据读取操作的组件代码编写；
4. 完成该系统人机界面组件的设计；
5. 实现数据处理与转换的组件代码编写；
6. 将各部分组件结合成完整的系统并进行测试；
7. 修正该系统调试与测试中发现的问题；
8. 编写该系统的操作手册与用户手册；
9. 编写该系统的帮助文档；
10. 制定培训计划；
11. 系统部署。

2.2.3 任务实施步骤

一、构建系统开发与运行环境

小王带领项目组其他程序员建立开发软件系统所必需的硬软件平台，以及可以运行及测试将要实现的软件系统的系统环境。

二、创建数据库实例

小王创建该项目的完整数据库，创建项目所有的表，建立表之间的联系，建立视图，建立存储过程、触发器、以及索引文件等，输入一些模拟数据，验证数据库，此时将输出完整数据库实例。

三、实现数据访问模块

小王带领项目组其他程序员根据图书管理系统系统架构设计要求及详细设计要求完成模块的代码编写，编写测试实例验证模块的正确性与性能要求，同时修改模块代码直至单元测试通过，此时将输出基本软件包和模块开发卷宗。模块开发卷宗模板请见本指南的附录部分。

四、细化用户界面

小王带领项目组其他程序员开始对于图书管理系统的界面进行设计并细化，如报表、表单、对话的设计，此时输出用户模块和模块开发卷宗。模块开发卷宗模板请见本指南的附录部分。

五、实现业务逻辑模块

小王带领项目组其他程序员根据图书管理系统系统架构设计要求及详细设计要求完成模块的代码编写，编写测试用例验证模块的正确性与性能要求，修改模块代码直至单元测试通过。

六、集成调试与测试

1. 测试需求分析

(1) 系统概述

随着人们知识层次的提高，图书馆成为日常生活中不可缺少的一部分。而图书馆的存书量和业务量庞大，仅仅靠传统的记账式管理是不可行的。图书馆管理系统应运而生，逐渐成为信息化建设的重要组成部分。图书馆管理系统为学校或社会型图书馆的管理员提供所有借阅者的详细信息，以及馆内库存的详细情况，对借书和还书两大功能进行合理操纵并登记。

(2) 测试需求

需要本图书管理系统能在功能上，不仅能包含图书管理的常用功能(如书籍管理、期刊管理、物品管理、读者管理、借、还、预借、续借和统计分析等等功能)，而且还增加了条码的生成和打印功能(不仅为使用者省去了购买价格昂贵的条码专用打印机的费用，而且条码产生更方便，与系统结合更紧密)。

(3) 测试目的

测试计划是在软件开发的前期对软件测试做出清晰、完整的计划，不光对整个测试起到关键性的作用，而且对开发人员的开发工作，整个项目的规划，项目经理的审查都有辅助性作用。包含了产品概述、测试策略、测试方法、测试区域、测试配置、测试周期、测试资源、风险分析等内容；借助软件测试计划，参与测试的项目成员，可以明确测试任务和测试方法，保持测试实施过程的顺畅沟通，跟踪和控制测试进度，应对测试过程中的各种变更。首先，测试计划用来定义测试的范围、测试的方法、所需的资源、进度等，明确需要测试的产品项，需要覆盖的功能特性，需要执行的测试任务，每项任务的负责人，识别相关的风险。其次，能够指导我们顺利的完成软件测试的任务，无论是在时间还是在任务分配或者是在进度安排方面都对我们起一个指导性的作用，使我们有条不紊的进行课程的学习。测试计划是详细的计划过程中的一个副产品。重要的是计划的过程，而不是文档本身。测试计划的最终目标是表达（而非记录）测试组的意图、期望，以及对于即将进行的测试的理解。

2. 测试计划书

(1) 定义

黑盒测试：黑盒测试也称功能测试，它是通过测试来检测每个功能是否都能正常使用。在测试中，把程序看作一个不能打开的黑盒子，在完全不考虑程序内部结构和内部特性的情况下，在程序接口进行测试，它只检查程序功能是否按照需求规格说明书的规定正常使用，程序是否能适当地接收输入数据而产生正确的输出信息。黑盒测试着眼于程序外部结构，不考虑内部逻辑结构，主要针对软件界面和软件功能进行测试。

(2) 计划

表2-2　功能测试

测试内容	测试时间
测试需求分析	6月19日8点30—10点30
测试计划书	6月19日11点—12点、13点30—15点30
测试用例设计	6月20日8点30—12点
测试执行及结果分析	6月26日8点30—12点、13点30—15点
总结	6月27日8点30—12点

(3) 测试项目说明

表2-3　项目说明

测试标识符	测试内容	实际测试工作内容与预先设计的内容的差别
系统登录测试	检查用户是否合理、合法	无
资料管理测试	查询、添加、删除、修改图书信息	无
借阅管理测试	图书归还，续借	无

（续表）

测试标识符	测试内容	实际测试工作内容与预先设计的内容的差别
借阅查询测试	查询借阅记录、流水	无
物品管理测试	查询所有物品、添加物品	无
读者管理测试	添加、修改、删除用户	无
统计分析测试	资料状态统计、借阅排行榜	无
用户、管理员管理测试	添加、删除、修改用户、管理员信息	无

2.2.4 测试用例设计

测试用例的设计一般从分析需求设计说明书开始，了解开发人员设计这个项目的思路、设计的要求、实现搜索的功能等。软件测试的模型，就要求测试与开发同步，在开发设计需求设计说明书的时候就开始测试流程，一般情况下，讨论需求设计的时候需要测试主管或者组员的参与，了解这个项目设计的总体情况。事实上，测试用例的编写一般是在需求设计说明书定下来之后才真正开始的。因为测试用例的内容要以需求设计说明书为依据，设计说明书上没体现的功能，不需要在测试用例中体现。

编写测试用例（这里指功能测试用例的编写），首先要做的就是设计测试用例的模板。每个公司都有适合自己公司用例编写的模板，各有各的特点。测试用例的格式包括测试用例摘要、测试用例需求编号（一个需求设计说明书可以分好几个用例编写）、编写用例的日期、编写人员、编写日期、前置条件、准备数据，等等。格式没有固定的要求，可以根据自己测试用例设计的思路，对测试用例的格式做相应的改变。下面以一个登录窗口为例，叙述我设计登陆界面的思路和方法。

这个测试用例分为三层结构，表单测试、逻辑判断、业务流程。

第一层，表单测试为最底层（最基础的）。这部分的测试用例是对登录窗口这个界面的输入框、按钮功能、界面等最基本功能的测试。一般来说登录用户名和登录用户密码是输入框的形式体现，那么，我们需要的是针对这两个输入框进行功能的测试。这时，我们只要考虑这个输入框的功能，而不需要考虑业务方面的内容。这样，我们考虑就是这个输入框的长度限制是多少？能否输入特殊字符？能否输入全角字符？当然，登录窗口还有其他按钮，例如，登录按钮、退出按钮、界面设计等，这一层的测试用例只对他们最简单的功能的测试。这一层的测试用例对新开发项目很重要，也必须执行，因为这些是最基本的功能保证，当项目进入维护阶段后，如果没有修改就不需要执行这部分的测试了或者说把这层的用例优先级置为最低，时间不充足的情况就不用去执行。

第二层，逻辑判断层。根据需求的设计，各功能之间的简单逻辑联系。以登录窗口为例，账号登录，账号和密码必须对应才能登录，否则登录失败。根据这一点，我们就可以从这个要求设计这一层测试用例。例如，账号和密码不一致时；账号为空时；密码为空时；账号密码对应时等情况。输入这些情况时，程序是做怎么样的逻辑控制的？控制是否正确？是否有相应的提示信息？这一层的用例是最常规的一层，平时使用这个软件用经常碰到的一些情况，在常规测试或修改这部分的功能之后，这一部分的测试用例也必须执行。

第三层，业务流程层。这部分不关心软件本身的基本功能，而是关心这个软件的业务有没有实现，不同的需求就有不同的业务需求。以登录窗口为例，就可能有不同的需求，可能用户要求停用的账号能够登录系统（可能要求登录后不允许进行其他操作），也可能用户直接要求停用的用户账号不准登录系统。根据不同的业务需求，就有不同的业务流程。这样这层的测试用例，我们就只要考虑业务需求，仍然以登录窗口为例，我们就只要考虑删除的用户能否登录？停用的用户能否登录？超级用户是如何登录的？普通用户是何种方式登录的？简单的说，这层的用例只描述业务流程，不关心具体这个业务是怎么实现的，执行这部分用例时，不要考虑哪个输入框控制了多少长度，能否输入空格等其他功能，因为这部分的测试需要基于上面两层的测试用例都已经测试通过了，所以在项目维护阶段或者说时间很紧迫的阶段，我们只需要执行这部分的用例，保证业务能够通畅的完成。执行这部分用例时，一些明显的问题应该能被发现，虽然严格来说测试覆盖率很低，但是基本能达到要求。这三层的组合起来才是一个完整的测试用例。

真正设计这个测试用例的时候，可能会使用到黑盒测试用例的方法，例如等价类划分、边界值分析、错误猜测法（主要是个人经验）、正交分解等方法。分层测试用例的思路主要来自对自动测试实现的考虑。以上三层的划分也并不是很全面，需要在实践中不断完善，例如，可以增加对数据库部分功能的数据校验的分析。总之，测试用例写的细致、全面、步骤清晰，那么无论是用手工测试的方法还是用自动化测试的方法，只要能完整地执行这个测试用例，就达到了测试的目标了。

测试举例

系统登录测试：

1：输入正确的用户名、密码、验证码，查看是否登录成功

2：用户名为空，密码验证码正确，查看系统是否会报错

3：用户名正确，密码为空，验证码正确，查看系统是否会报错

4：用户名正确，密码正确，验证码为空，查看系统是否会报错

5：用户名正确，密码错误（根据边界值进行输入，如果密码区分大小写的话，也得输入几次），验证码正确，查看系统是否会报错

6：用户名错误，密码正确，验证码正确，查看系统是否会报错

7：用户名正确，密码正确，验证码错误，查看系统是否会报错

8：用户名、密码、验证码都为空，查看系统是否会报错

9：用户名：admin 密码：admin　验证码正确，查看系统是否会成功登陆

UI 测试：

1：登录界面

2：按钮大小

用户体验测试：

1：Tab 顺序

2：回车等常用快捷键操作等

一、登录与退出测试

表 2-4　系统登录测试总表

输入			输出
用户名	密码	权限	
admin		管理员	登录成功，进入管理员模块
	admin	管理员	登录失败，输入错误
admin	admin	管理员	登录失败，输入错误

输入："admin"

输出要求：登录成功

输出结果：

图 2-2　登录成功系统

输入："admin"

输出要求：登录失败

输出结果：

图 2-3　密码登录错误

二、资料管理测试

功能测试、性能测试、安全性测试、配置和兼容性测试、可用性测试、链接测试等。

1. 链接测试

链接是 Web 应用系统用户界面的主要特征，它指引着 Web 用户在页面之间切换，以完成 Web 应用系统的功能。

测试重点：链接是否正确、链接页面是否存在、是否有孤立的页面（没有链接指向的页面）等。

2．表单测试

表单是指网页上用于输入和选择信息的文本框、列表框和其他域，实现用户和 Web 应用系统的交互，当用户给 Web 应用系统管理员提交信息时，需要使用表单操作，如用户注册、登录、信息提交、查询等。

测试重点：表单控件的正确性、提交信息的完整性、正确性、是否有错误处理。

3．Cookie 测试

Cookie 通常标识用户信息，记录用户状态。

使用 Cookie 技术，当用户使用 Web 应用系统时，能够在访问者的机器上创立一个叫做 Cookie 的文件，把部分信息（访问过的页面、登录用户名、密码等）写进去，来标识用户状态。如果该用户下次再访问这个 Web 应用系统，就能够读出这个文件里面的内容，正确标识用户信息。如果 Web 应用系统使用了 Cookie，必须检查 Cookie 是否能正常工作，是否按预定的时间进行保存内容。

4．设计语言测试

在 Web 应用系统开发初始，根据软件工程的要求用文档的形式确定 Web 应用系统使用哪个版本的 HTML 标准，允许使用何种脚本语言及版本，允许使用何种控件，这样可以有效的避免 Web 应用系统开发过程中出现设计语言问题。

5．负载测试

负载测试是为了测量 Web 应用系统在一定负载情况下的系统性能，通常得出的结论是 Web 应用系统在一定的硬件条件下可以支持的并发用户数目或者单位时间数据（或事件）的吞吐量。

在进行负载测试前，需要定义标准用户（活动用户）的概念，定义执行典型的系统流程，定义负载测试执行总时间，定义抓取哪些事务的平均响应时间，定义用户可以接受的平均响应时间（通常为 5 秒）。

测试时，增加用户数量，平均响应时间就会增加，当达到用户可以接受的平均响应时间这个临界点，即是此系统可以支持的并发用户数。

6．压力测试

对 Web 系统进行压力测试，类似于普通机械、电子产品进行的破坏性试验。

压力测试是测试系统的限制和故障恢复能力，也就是测试 Web 应用系统会不会崩溃，在什么情况下会崩溃，崩溃以后会怎么样。

在 Web 应用系统性能测试过程中，常常将压力测试和负载测试结合起来。在负载测试的基础上，增大负载量，直到系统崩溃。

7. 其他测试

主要有：数据库测试面向任务、业务逻辑的测试；探查性测试；回归测试；速度测试。

三、添加书籍测试

输入：图书信息。

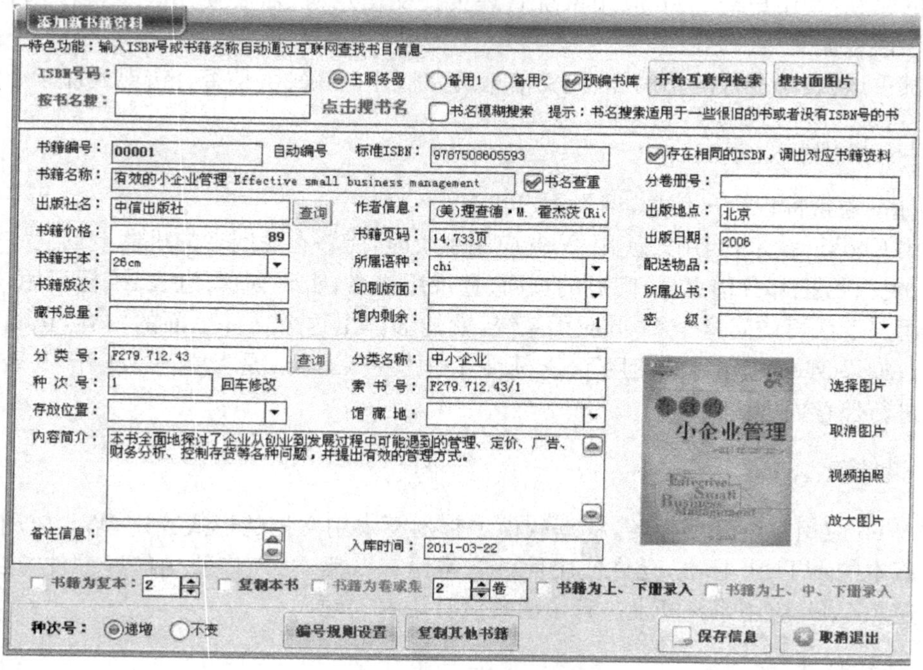

图 2-4　书籍资料的添加

输出要求：添加成功。

输出结果。

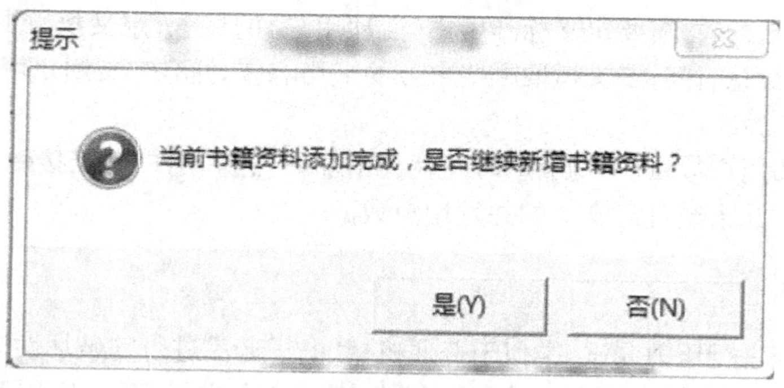

图 2-5　添加成功

修改图书测试。

输入。

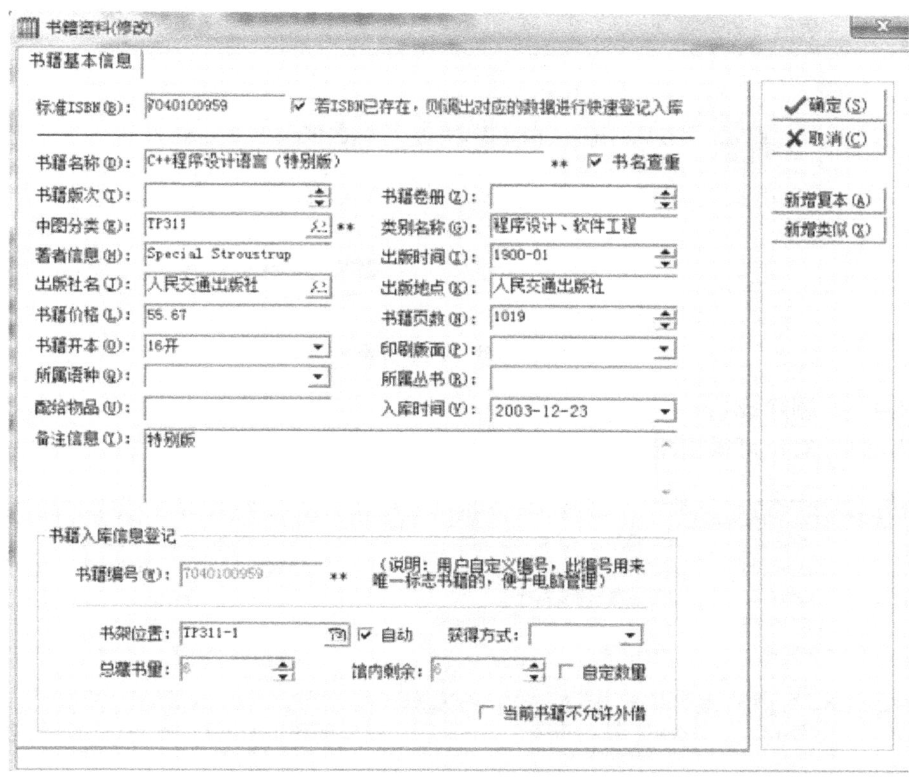

图 2－6　修改图书

输出要求：修改成功。

输出结果。

图 2－7　修改成功

删除书籍测试。

输入。

提示
是否真的删除当前书籍编号为“7040100959”的记录？
是(Y)
否(N)

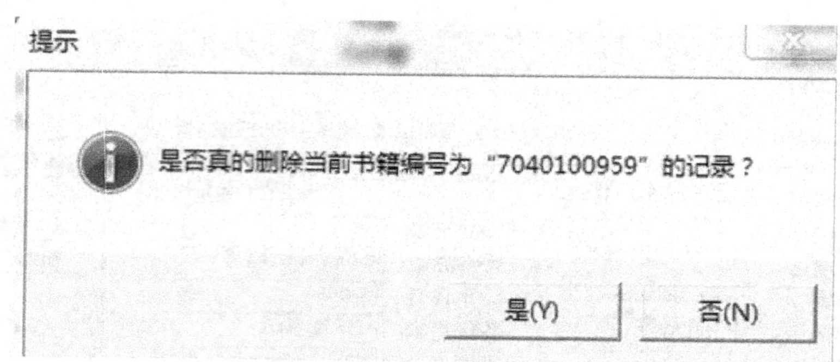

图 2－8　删除书籍

输出要求：删除成功。

输出结果：对比可得出删除成功。

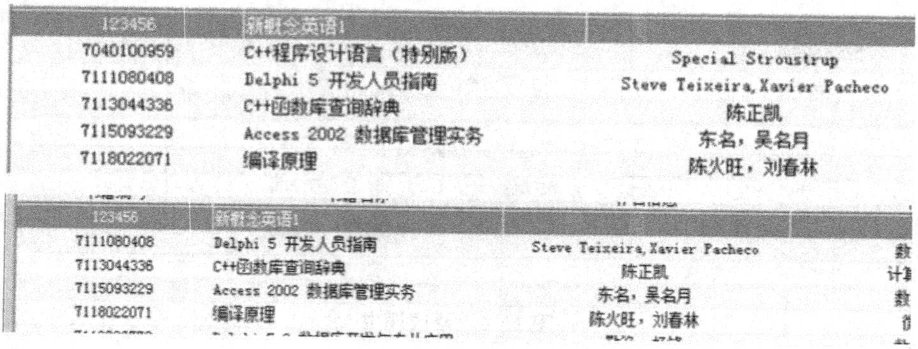

123456 新概念英语1
7040100959 C++程序设计语言（特别版） Special Stroustrup
7111080408 Delphi 5 开发人员指南 Steve Teixeira, Xavier Pacheco
7113044336 C++函数库查询辞典 陈正凯
7115093229 Access 2002 数据库管理实务 东名，吴名月
7118022071 编译原理 陈火旺，刘春林
123456 新概念英语1
7111080408 Delphi 5 开发人员指南 Steve Teixeira, Xavier Pacheco
7113044336 C++函数库查询辞典 陈正凯
7115093229 Access 2002 数据库管理实务 东名，吴名月
7118022071 编译原理 陈火旺，刘春林

图 2－9　删除成功

下架书籍测试。

输入。

提示
是否真的将当前书籍编号为“123456”的记录下架？
是(Y)
否(N)

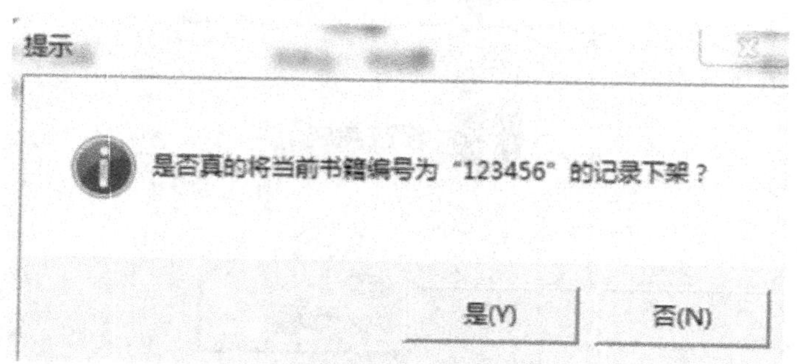

图 2－10　下架书籍

输出要求：下架成功。

输出结果。

书籍编号	书籍名称	作者信息
7111080408	Delphi 5 开发人员指南	Steve Teixeira, Xavier Pacheco
7113044336	C++函数库查询辞典	陈正凯
7115093229	Access 2002 数据库管理实务	东名，吴名月
7118022071	编译原理	陈火旺，刘春林

图 2－11　下架成功

四、借阅管理测试

归还资料测试。

输入。

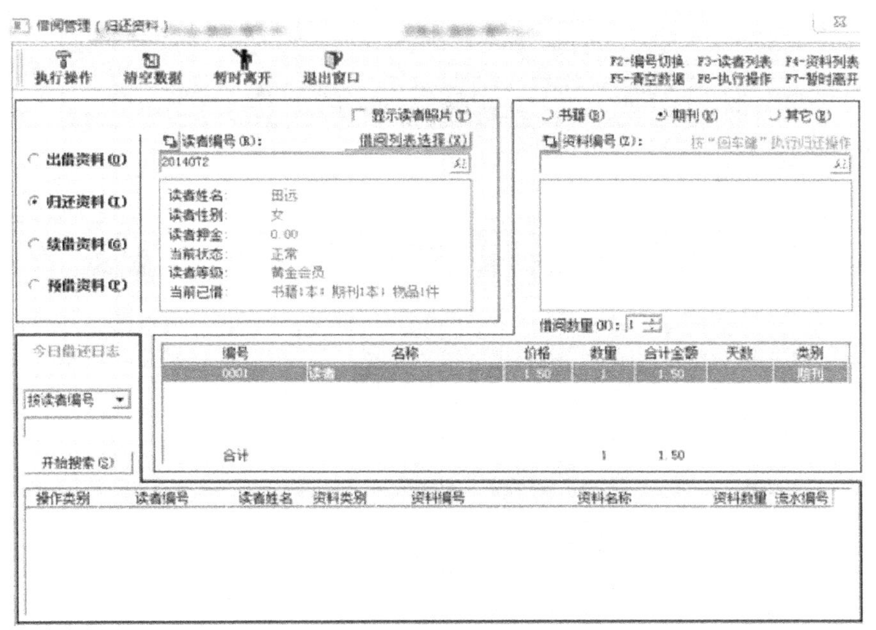

图 2－12　归还资料

要求：归还成功。

结果。

图 2－13　归还成功

续借测试。

输入。

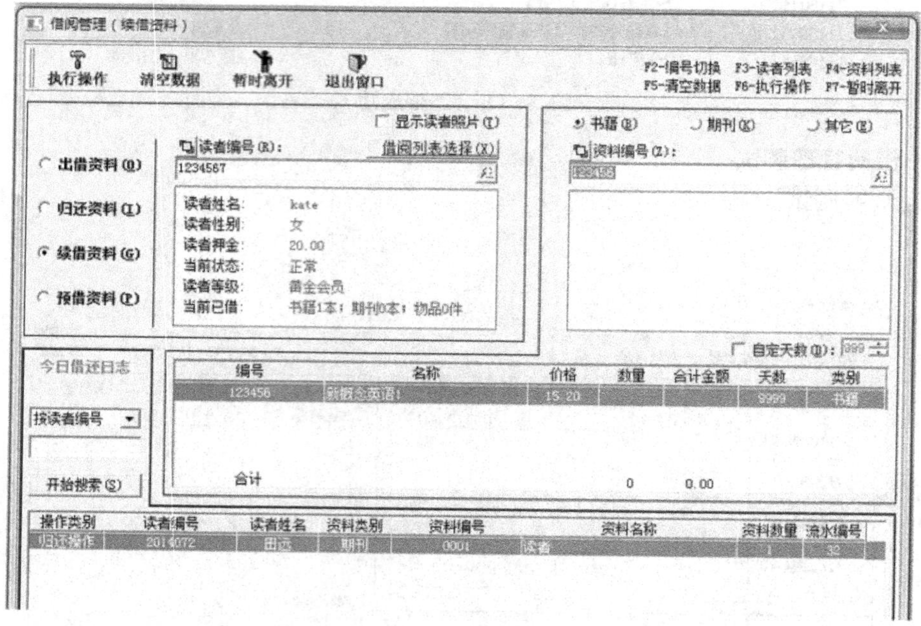

图 2-14　续借

要求：续借成功。

结果。

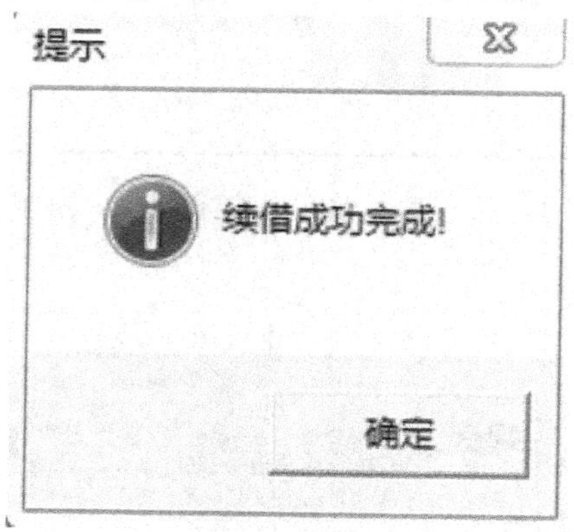

图 2-15　续借成功

五、借阅查询测试

借阅记录测试。

输入。

图 2-16　借阅查询

要求:输出所有借阅测试。
结果。

所有分类
A*马克思主义、列宁主
B*哲学、宗教
C*社会科学总论
D*政治、法律
E*军事
F*经济
G*文化、科学、教育、
H*语言、文字
I*文学
J*艺术
K*历史、地理
N*自然科学总论
O*数理科学和化学
P*天文学、地球科学
Q*生物科学
R*医药、卫生
S*农业科学
T*工业技术
U*交通运输
V*航空、航天
X*环境科学、安全科学
Z*综合性图书

导出　打印　关闭

书刊名称	总数	借出数	剩余数	书刊编号	书刊条码
新编刑法罪名适用指南	8	-5	13	0000000001	0
国际人权法教程	1	0	1	100001	1
辩论对抗论	3	2	1	100002	2
c++程序设计(特别版)	4	1	3	100003	4
delphi5开发人员指南	5	0	5	100005	5
英语专业四级词汇	0	0	0	1000004	6
审判前沿	9	0	9	100006	6
司法公正观念源流	4	0	4	100007	7
司法权:性质与构成的分析	9	0	9	100008	8
医疗事故赔偿	15	0	15	100009	9
民事诉讼法制的现代化	1	1	0	100010	10
人权法学	1	0	1	100011	11
外国法律史研究	5	0	5	100012	12
刑事法评论	5	0	5	100013	13
一人公司制度比较研究	1	0	1	100014	14
程序保障的理论视角	2	1	1	100015	15
物权案例编	6	0	6	100016	16
Delphi第三方控件使用大全	4	0	4	100018	18
编程黑马真言	5	0	5	100019	19
邓小平理论概述	4	0	4	100020	20
asdfa	0	0	0	100021	asd
asdfasd	0	0	0	100022	sadfa
asdfasd	0	0	0	100025	asdfasd
luitgluj	0	0	0	100026	
luitgluj	0	0	0	100027	
luitgluj	0	0	0	100028	
asd	0	0	0	100036	asdf
合计:30条记录	92	8	92		

图 2-17　输出所有借阅

借阅流水测试。
输入。

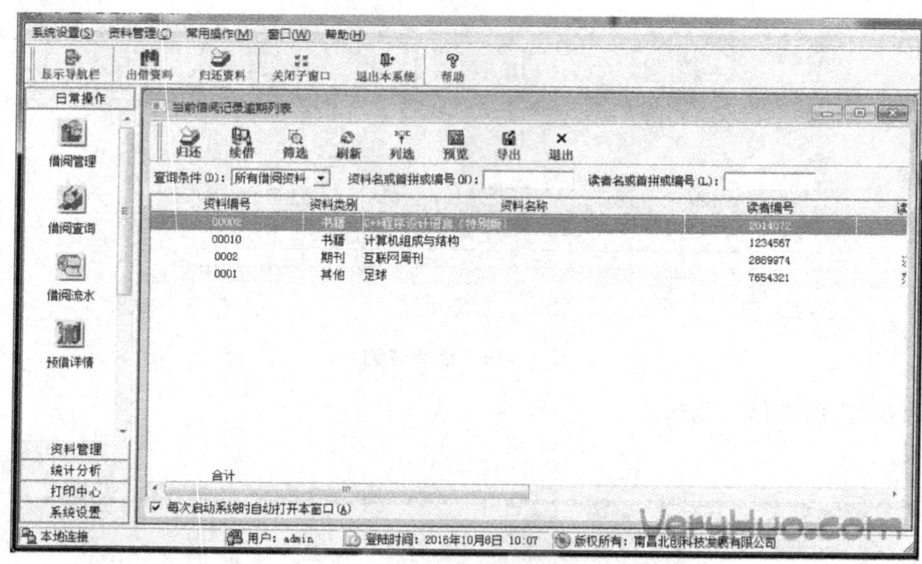

图 2－18　借阅流水

要求：输出操作。

结果。

操作类别	操作日期	资料编号	资料类别	资料名称	读者编号	读者姓名	读者性别
[illegible]	[illegible]	[illegible]	[illegible]	[illegible]	[illegible]	[illegible]	女
借出操作	2007-01-01	0001	期刊	读者	2014072	[illegible]	女
借出操作	2007-01-01	0001	其他	足球	2014072	[illegible]	女
借出操作	2007-01-01	T302040734	书籍	Delphi 6 编程基础	2014072	[illegible]	女

图 2－19　输出操作

六、物品管理测试

查询物品测试输入。

图 2－20　查询物品

添加物品测试。

输入。

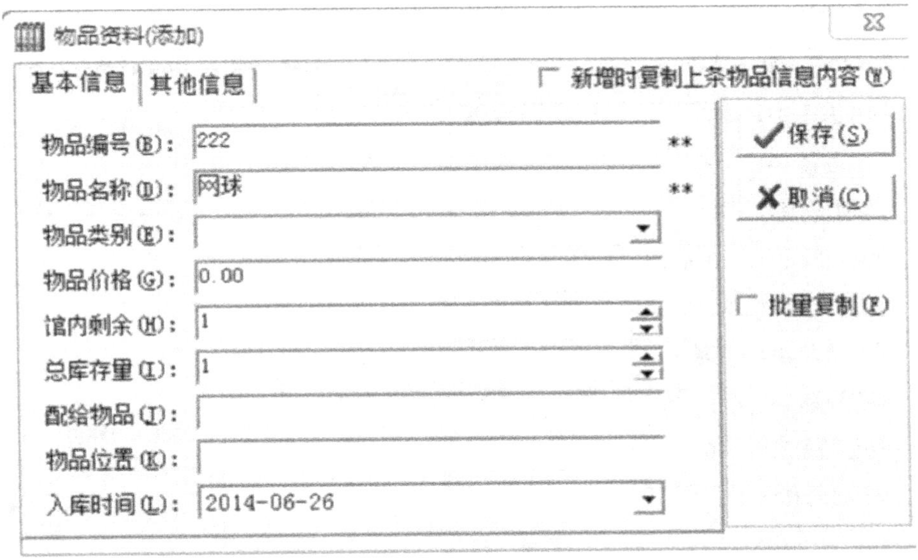

物品资料(添加)

基本信息 | 其他信息　　□ 新增时复制上条物品信息内容(W)

物品编号(B)：222 **

物品名称(D)：网球 **

物品类别(E)：

物品价格(G)：0.00

馆内剩余(H)：1

总库存量(I)：1

配给物品(J)：

物品位置(K)：

入库时间(L)：2014-06-26

✔保存(S)　✘取消(C)　□ 批量复制(F)

图 2－21　添加物品

要求：添加成功。

结果。

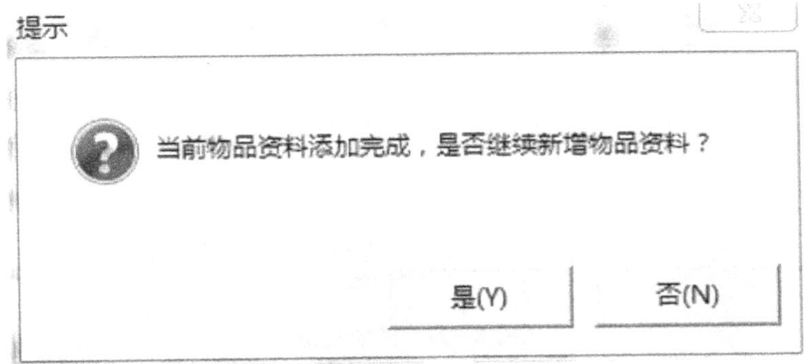

图 2－22　添加成功

七、读者管理测试

读者添加测试。

输入。

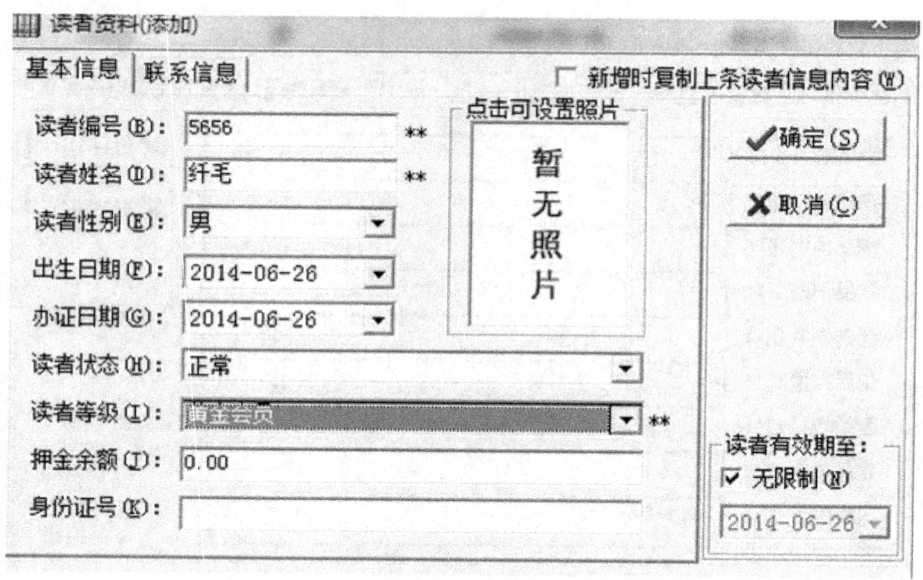

图 2-23　读者添加

要求：添加成功。

结果。

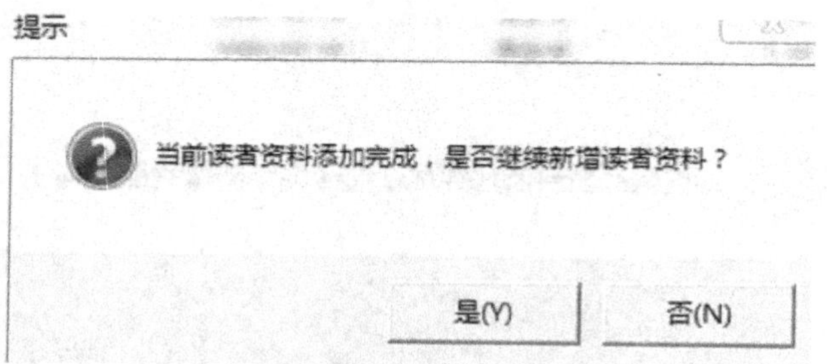

图 2-24　添加成功

修改用户。

输入。

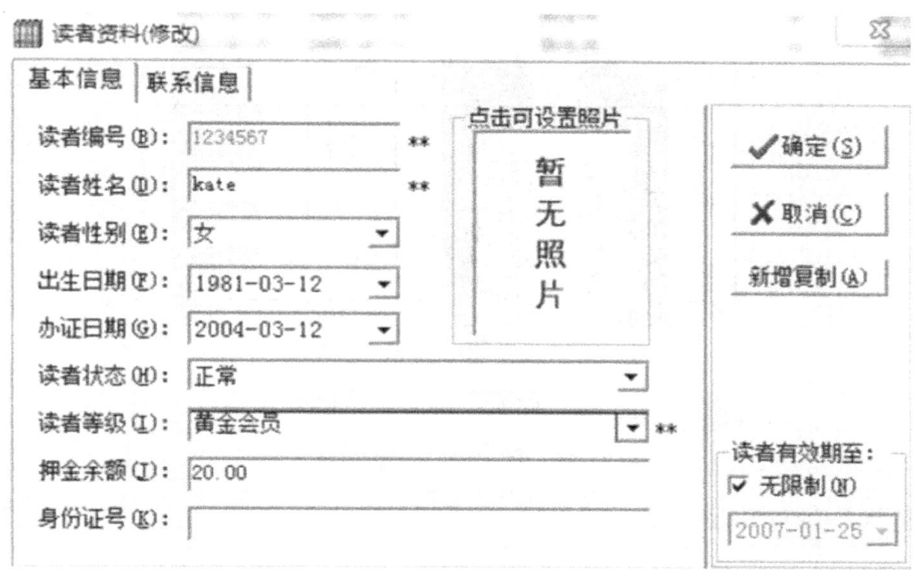

图 2-25　修改用户

要求：修改成功。

图 2-26　修改成功

八、统计分析测试

借阅排行榜测试。

输入。

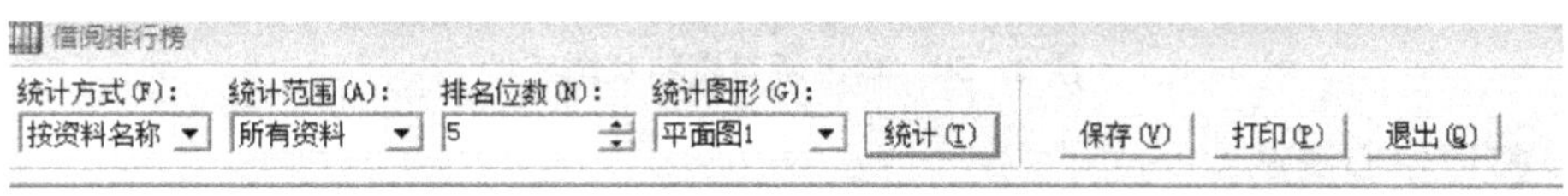

图 2-27　借阅排行榜

要求：输出所有资料借阅排行榜。

结果。

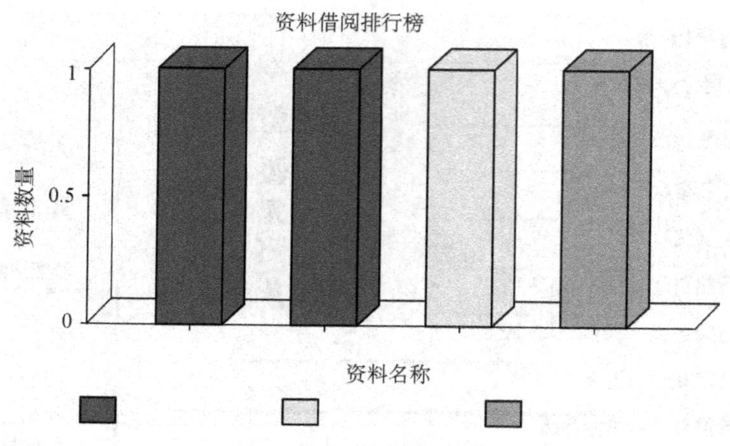

图 2-28　输出所有资料借阅排行榜

资料状态统计测试。

输入。

图 2-29　资料状态统计

要求:输出所有资料状态统计。

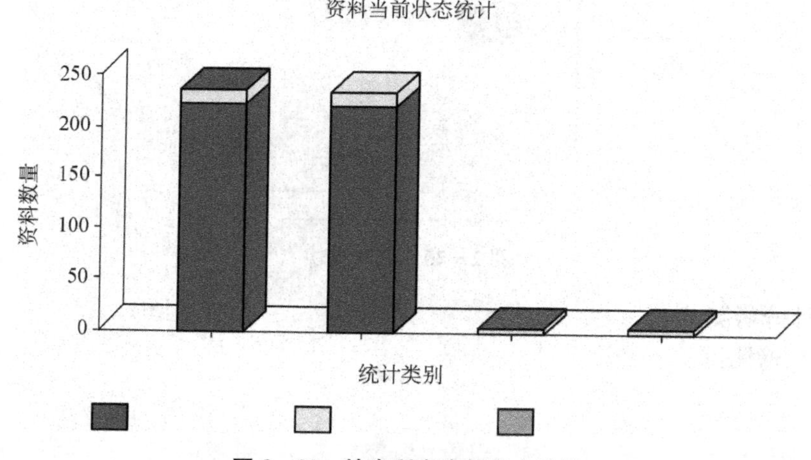

图 2-30　输出所有资料状态统计

九、打印中心测试

读者当前借阅打印测试。

输入。

图 2－31　读者当前借阅打印

要求：打印当前页面。

结果。

当前读者借阅情况

打印时间：2014年06月26日

读者编号：1234567

读者姓名：kate	读者性别：女	读者状态：正常	办证日期：2004-03-12	剩余押金：20.00
学校名称：		系别：	专业：	年级：

资料编号	资料类别	资料名称	资料价格	借出数量	借出日期	应还日期
123456	书籍	新概念英语1	15.20	1	2006-01-25	2006-02-24

读者编号：2014072

读者姓名：田远	读者性别：女	读者状态：正常	办证日期：2005-02-25	剩余押金：0.00
学校名称：上海交通大学		系别：外贸系	专业：金融与外汇	年级：2

资料编号	资料类别	资料名称	资料价格	借出数量	借出日期	应还日期
0001	其他	足球	100.00	1	2007-01-01	2007-01-11
7302049734	书籍	Delphi 6 编程基础	36.00	1	2007-01-01	2007-01-11
0001	期刊	读者	1.50	1	2007-01-01	2007-01-31

图 2－32　打印当前页面

资料当前借阅打印测试。

输入。

资料当前借阅

图 2－33　资料当前借阅打印

要求：打印当前页面。

结果。

当前资料借阅情况

打印时间：2014年06月26日

资料编号：0001

资料类别：期刊	资料名称：读者	资料价格：1.50

读者编号	读者姓名	读者性别	读者状态	办证日期	借出数量	借出日期	应还日期
2014072	田远	女	正常	2005-02-25	1	2007-01-01	2007-01-31
2014072	田远	女	正常	2005-02-25	1	2007-01-01	2007-01-11

资料编号：123456

资料类别：书籍	资料名称：新概念英语1	资料价格：15.20

读者编号	读者姓名	读者性别	读者状态	办证日期	借出数量	借出日期	应还日期
1234567	kate	女	正常	2004-03-12	1	2006-01-25	2006-02-24

资料编号：7302049734

资料类别：书籍	资料名称：Delphi 6 编程基础	资料价格：36.00

读者编号	读者姓名	读者性别	读者状态	办证日期	借出数量	借出日期	应还日期
2014072	田远	女	正常	2005-02-25	1	2007-01-01	2007-01-11

图 2-34　打印当前页面

系统条码标签测试。

输入。

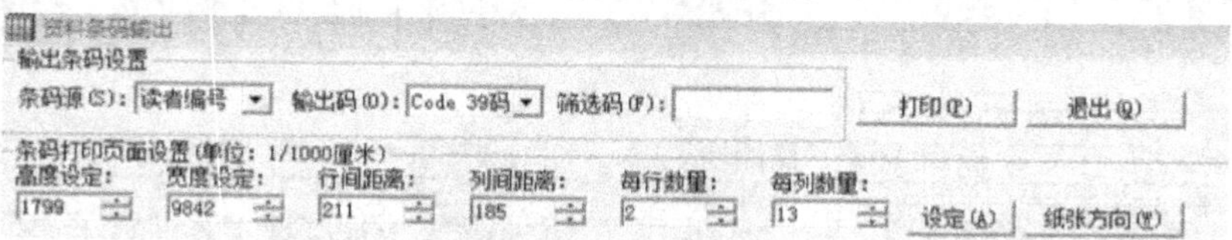

图 2-35　系统条码标签

要求：得到条形码。

结果。

图 2-36　得到条形码

十、用户、管理员管理测试

用户添加测试。

输入。

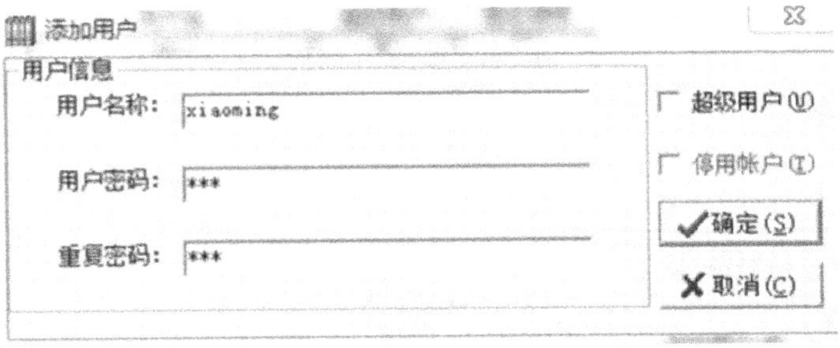

图 2－37　用户添加

要求：添加成功。

结果。

图 2－38　添加成功

切换用户测试。

输入。

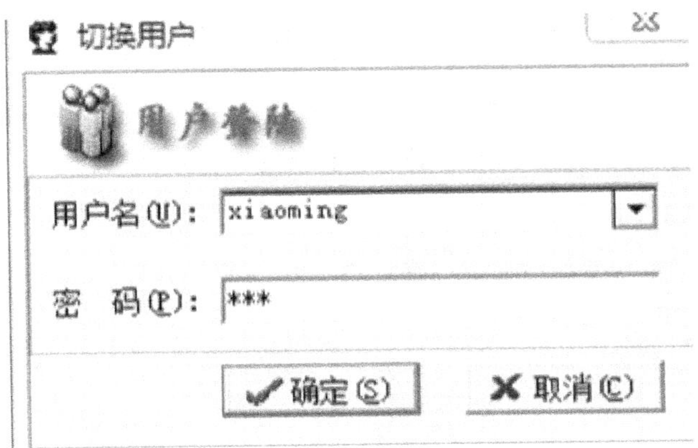

图 2－39　切换用户

要求：登录成功。

结果。

图 2－40　登录成功

修改密码测试。

输入。

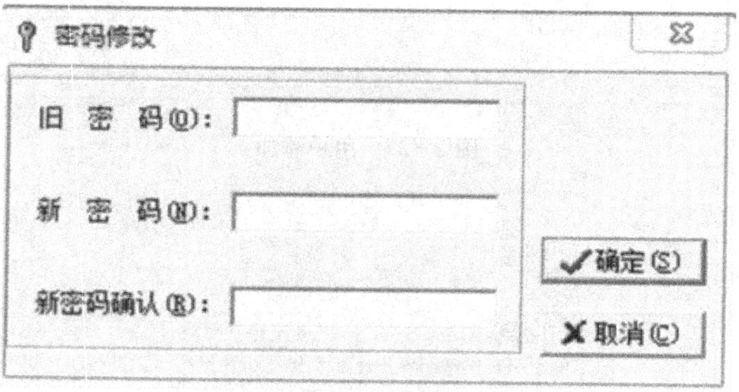

图 2－41　修改密码

要求：修改成功。

结果。

图 2－42　修改成功

备份管理测试。

输入。

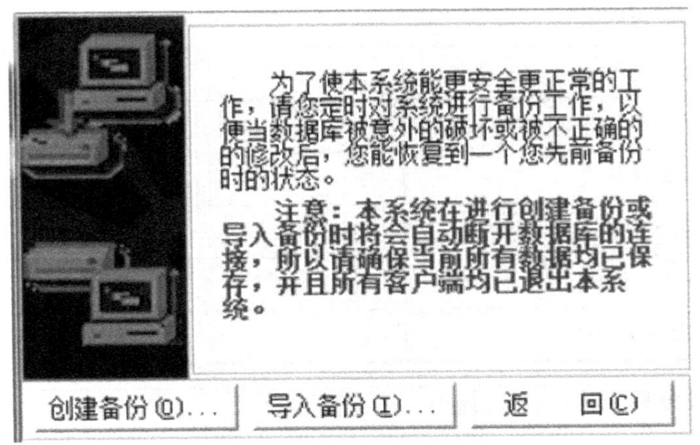

图 2-43　备份管理

要求:备份管理。

结果。

图 2-44　备份管理

2.2.5　测试执行及结果分析

软件测试执行结束后,测试活动还没有结束。测试结果分析是必不可少的重要环节,“编筐编篓,全在收口”,测试结果的分析对下一轮测试工作的开展有很大的借鉴意义。前面的测试准备工作中,建议测试人员走查缺陷跟踪库,查阅其他测试人员发现的软件缺陷。

一、测试计划执行情况

测试环境和工具:Windows7、图书管理系统。

二、测试执行和记录

表 2-5　测试执行和记录

执行内容	执行记录
系统登录测试	完成
资料管理测试	完成
借阅管理测试	完成

（续表）

执行内容	执行记录
借阅查询测试	完成
物品管理测试	完成
读者管理测试	完成
统计分析测试	完成
打印中心测试	完成
用户管理员测试	完成

三、软件结果分析

(1) 系统登录

结果：在测试过程中对于选用的用例基本能提出错误提示，变现良好。

分析：在输入时没有游客模块，在该功能上还有待进一步改进。

(2) 图书管理测试

结果：资料管理测试中的各项功能，包括添加书籍、修改图书、删除图书、下架书籍、添加图书分类、修改图书分类、删除图书分类，表现得都比较迅速。

分析：对于图书信息表的数据项还应该多添加一些，这点还有待进一步改善。

(3) 借阅管理测试

结果：归还资料、续借速度较快，能力也较好。

分析：最好能实现用户自己自主实现借阅功能，但需要自主借阅限制。

(4) 借阅查询测试

结果：能够进行简单查询书籍借阅的基本情况。

分析：查询条件设立不够多。

(5) 物品管理测试

结果：能够完成一般物品借还需求，物品管理——添加、修改。

分析：此功能较完善。

(6) 读者管理测试

结果：能够对用户进行全面的管理——增加、修改、删除。

分析：此功能较完善。

(7) 统计分析测试

结果：能够具体分析各种借阅情况。

分析：此功能较完善。

(8) 打印中心测试

结果：能够打印图书借阅情况、信息。

分析：打印之前需导出，比较麻烦，最好能实现直接打印。

2.2.6　测试评价

一、软件评价

通过分析BUG的数量、性质、分布情况，评价软件的能力和限制。同时总结软件测试计划的执行情况，作为同类项目测试计划和测试用例的编写参考依据。

1. 测试负责人从BUG管理工具中统计分析BUG的数量、性质、分布情况，提取相关数据，并形成图表。如：每个测试工作日产生的BUG、关闭的BUG、延迟的BUG；总的BUG数量；BUG模块分布；测试人员发现的BUG数量；开发人员出现的BUG数量；BUG的严重等级分类；模块的千行出错率；被测系统的千行出错率等数据。

2. 具体可参考度量汇总表的有关统计项；

3. 测试负责人评价软件能力，包括缺陷和限制；

4. 测试负责人评价测试过程本身。通过和测试计划的比较，对进度、工作量、测试需求和测试范围、测试用例的设计进行评价。

本图书管理系统在功能上，不仅能包含图书管理的常用功能(如书籍管理、期刊管理、物品管理、读者管理、借、还、预借、续借和统计分析等等功能)，而且还增加了条码的生成和打印功能，界面简洁美观，但是在某些功能上还有待进一步改善。针对现实情况，该软件能对管理模块进行相应的操作，能做到基本的登录验证、图书管理、还书、借书、图书查询、用户、管理员管理等功能，反应速度令人满意。

二、缺陷和限制

在登录系统中，没有对不符合要求的用户名和密码格式进行限制。

在图书管理系统中，数据库中的内容还较少，不能较准确的反应出添加、删除、修改图书信息以及添加、删除、修改图书分类信息的速度。

在还书系统中，没有将书的条形码有效利用起来。

在限制条件下，最好能够实现用户自主借阅管理的功能。

三、建议

增加登录时的验证规则；

增加数据库中的内容；

增加查询时的现实信息。

2.2.7　修改软件

在上一测试环节中，程序员针对修正图书管理系统调试与测试中发现的问题进行修改，直到修改至正确为止，并填写软件修改记录。如下表所示

表 2-6　软件修改记录

序号	问题描述	问题性质	问题分析与修改建议	提出人签字	处理人	完成日期
	借还书天数错误	程序错	程序日期计算代码错误			

2.2.8　编写操作手册与用户手册

在上述环节全部完成后，程序员着手编写图书管理系统的操作手册和用户手册。操作手册讲述的是如何操作该系统的某个页面，而用户手册是以用户想做什么事为前提，引导用户去操作该系统完成这样的需求。具体模板请见附录部分。

2.2.9　编写帮助文档

程序员根据图书管理系统编写帮助文档，编写格式可以根据系统开发环境来确定，也可以使用特定的编写工具来实现。书写目录可参考以下：

图书管理系统帮助文档目录
如何安装图书管理系统
登录安装图书管理系统
图书管理系统主界面
登录子系统
查询子系统
借阅子系统
借阅管理子系统
退出系统

2.2.10　制定培训计划

为了让用户更好的使用图书管理系统，程序员对用户进行软件使用与维护等方面内容的专业培训是必须的。在培训前，程序员需要制订培训计划，将培训计划填入培训计划表，然后发放至用户，并双方存档。例如：

表 2－7　项目培训计划表

培训名称	某高校图书管理系统			
培训时间	2012－11－7 至 2012－11－19			
培训地点				
培训进程表				
日期	时间	培训内容	角色	备注
11 月 7 日	8:30—10:30	MIS 简介	用户	
11 月 7 日	10:50—12:00	如何安装 MIS	用户	
11 月 7 日	13:00—16:30	登录 MIS	用户	
11 月 8 日	8:30—9:30	介绍	用户	上机练习
11 月 8 日	9:30—12:00	主界面介绍	用户	
11 月 8 日	13:00—16:30		用户	上机练习
11 月 9 日	8:30—12:00	登录子系统	用户	解答问题
11 月 9 日	13:00—16:30		用户	上机练习
11 月 12 日	8:30—12:00		用户	解答问题
11 月 12 日	13:00—16:30		用户	上机练习
11 月 13 日	8:30—10:30	查询子系统	用户	解答问题
11 月 13 日	10:30—12:00		用户	上机练习
11 月 13 日	13:00—16:00	借阅子系统	用户	解答问题
11 月 14 日	8:30—12:00		用户	解答问题
11 月 14 日	13:00—16:30	借阅管理子系统	用户	
11 月 15 日	全天		用户	演练及上机
11 月 16 日	8:30—12:00		用户	解答问题
11 月 16 日	13:00—16:30	退出系统	用户	
11 月 19 日	全天		用户	演练及上机

2.2.11　软件部署

最后，程序员进行软件部署，包括配置文件、用户手册、帮助文档等进行收集、打包、安装、配置、发货。

第3章 程序员岗位作业指导书

3.1 概述

所谓作业指导，是作业指导者对作业者进行标准作业的正确指导的基准。它是为了保证作业(过程)的质量而制定的工作流程。如果作业者按照指导书进行作业，一定能确实、快速、安全地完成作业。作业指导书其实就是一种程序，只不过其针对的对象是某个作业活动而已。

岗位作业指导书是指导程序员在项目进行中涉及到项目管理的相关作业的规范章程，给出了一个基于瀑布模型的描述程序员岗位工作流和作业规范的作业指导书。岗位作业指导书主要包括：输入、工作流和输出三个部分，另外还有名词解释和附件的内容。

岗位作业指导书的结构主要由下面三大部分组成：

(1) 输入：描述启动岗位作业的准入条件或参考依据，表明了在从事该岗位的作业时，需要哪些输入。

(2) 工作流：以流程图的形式描述岗位的日常工作流，并对每一个活动给出具体可操作指导说明，对每一个活动的工作内容，所需要的输入输出，以及涉及到的角色等进行详细的说明。

(3) 输出：描述工作流中每一个活动产生的成果物，可以看成是工件。

目的：

为了更好的满足客户对软件产品的要求。

范围：

适应于程序员。

3.2 程序员岗位输入

软件需求规格说明书(SRS，Software Requirement Specification)是为了软件开发系统而编写的，主要用来描述待开发系统的功能性需求和非功能性需求，以及系统所要实现的功能和目标，为项目开发人员提供基本思路，明确开发方向，节约时间提高开发效率，降低软件开发风险，节约成本。SRS主要面向系统分析员、程序员、测试员、实施员和最终用户。

SRS是整个软件开发的依据，它对以后阶段的工作起指导作用，同时也是项目完成后系统验收的依据，还是《用户手册》和《测试计划》的编写依据。

以下是 SRS 的描述规范：

功能需求

按模块为单位描述功能需求，重复以下几点描述每一模块的功能需求。

模块

第一个模块。每个模块用一个用例图表示，在写 SRS 时，名字使用能够表达模块功能的短语表示，而不用模块 1 表示。

用例图

描述此模块的用例图。一个用例图中有若干个 Actor、用例及其关系，描述包括涉及到的所有 Actor、用例及其关系。其中，Actor 是参与者；一个用例描述的是一个功能需求；关系是用例和用例之间的关系。用例的名字使用能够表达用例目标的动词短语。

业务流程图

用例应说明的是系统内发生的事件，而不是事件发生的方式和原因。一个业务流程图是用来描述用例图中的一个用例事件的业务流程操作。

下面是对业务流程图对应的这个用例的描述说明：

用例编号

用需求编号加上简短词汇作为用例编号

简要说明

简要介绍该用例的目的、作用和背景

前置条件

用例的前置条件是执行用例之前系统必须存在的状态

后置条件

成功后置条件

用例成功执行完毕系统可能处于的一组状态

失败后置条件

用例执行失败后系统可能处于的一组状态

角色

角色的名称、描述(可选)

触发条件

启动用例的动作或事件，如时间事件

基本事件流描述、步骤

当 Actor 有所行动时，此用例随即开始。总是由 Actor 来带动用例。用例应说明 Actor 的行为及系统的响应。应按照 Actor 与系统进行对话的形式来逐步引入用例。

备选事件流、步骤

由于主事件流中发生异常事件，这时每个备选流都可代表备选行为。

特殊需求

特殊需求通常是非功能性需求，它为一个用例所专有，但无法在用例的事件流文本中较容易或较自然地进行说明。特殊需求的示例包括法律或法规方面的需求、应用程序标准和质量属性(包括可用性、可靠性、性能或支持性需求)。

规格说明书模版

第一章是引言。

描述软件需求规格说明书的纵览，帮助读者理解文档如何编写并且如何阅读和理解，包含五个部分：

编写目的

对产品（项目）进行定义，在该文档中详尽说明这个产品的软件需求，包括修正或发行版本号。如果这个软件需求规格说明书只与整个系统的一部分有关，那么只定义文档中说明的部分或子系统。

文档约定

描述编写文档时所采用的标准或排版约定，包括正文风格，提示区或重要符号。例如，说明高层需求的优先级是否可以被所有细化子需求所继承，或者每个需求陈述是否都有优先级。

读者对象和阅读建议

列举软件需求规格说明书所针对的不同读者，例如开发人员、项目经理、营销人员、用户、测试人员等。描述文档中剩余部分的内容及其组织结构。提出最适合每一类读者阅读文档的建议。

项目范围

提供对指定的软件及其目的的简短描述，包括利益和目标。把软件与企业目标或业务策略相联系。可以参考项目范围文档，而不是将其内容复制到这里。

参考资料

列举编写软件需求规格说明书时所参考的资料或其他来源。可能包括用户界面风格指导、合同、标准、系统需求规格说明书，用户需求、相关产品的软件需求规格说明书。这里应给出详细的信息，包括标题名称、作者、版本号、日期、出版单位或资料来源，以方便读者查阅这些文献。

第二章是总体描述。包含六个部分：

产品前景

描述软件需求规格说明书中所定义的产品背景和起源。说明该产品是否是产品系列中的下一个成员，是否是成熟产品所改进的下一代产品，是否是现有应用程序的替代品，或者是一个全新的产品。如果软件需求规格说明书定义了大系统的一个组成部分，那么就要说明这部分软件是怎样与整个系统相关联的，并且要定义出两者之间的接口。建议使用系统结构图或者实体关系图表示。

产品的功能

概述产品所具有的主要功能，例如用列表的方法给出。用图形表示主要的需求分组以及它们之间的联系。建议使用数据流程图（DFD）的顶层图或者类图来实现图形化。

用户类及其特征

确定可能使用该产品的不同用户类并描述它们相关的特征。有一些需求可能只与特定的用户类相关。将该产品的重要用户类与那些不太重要的用户类区分开。

运行环境

描述软件的运行环境，包括硬件平台、操作系统和版本，还有其它的软件组件或者与其共存的应用程序。

设计和实现上的约束

确定影响开发人员自由选择的问题，并说明这些问题为什么成为一种限制。可能的限制包括：必须使用或者避免特定技术、工具、编程语言、数据库经费、进度、资源等方面的限制所要求的开发规范或标准企业策略、政府法规或工业标准硬件限制，例如定时需求或存储器限制数据转换格式

假设和依赖

第三章是系统功能。需要列出每个功能点，每个功能点包含以下三个方面：

描述和优先级

请求/响应序列

功能性需求

详细列出提交给用户的软件功能，用户可以使用所提供的功能执行服务或者使用所指定的用例执行任务。并且描述产品如何响应可预知的出错条件或非法输入或动作。

第四章是外部接口需求。包含四个部分：

用户界面

陈述所需要的用户界面。描述每个用户界面的逻辑特征。

硬件接口

描述系统中硬件每个接口的特征。可能包括支持的硬件类型、软硬件之间交流的数据和控制信息的性质以及所使用的通信协议。

软件接口

描述产品与其它外部组件的连接，包括数据库、操作系统、工具库和集成的商业组件。明确并描述在软件组件之间交换数据或信息的目的，描述所需要的服务及内部组件通信的性质，确定将在组件之间共享的数据。如果必须用一种特殊的方法来实现数据共享机制，那么就必须把它定义为一种实现上的限制。

通信接口

描述与产品所使用的通信功能相关的需求，包括电子邮件、WEB 浏览器、网络通信标准或协议及电子表格等，定义相关的信息格式、规定通信安全或加密问题、数据传输速率和同步通信机制。

第五章是其他非功能性需求。包含四个部分：

性能需求

阐述不同的应用领域对产品性能的需求，并解释它们的原理以帮助开发人员做出合理的设计选择。确定相互合作的用户数或者所支持的操作，响应时间以及与实时系统的时间关系；还要定义容量需求，例如存储器和磁盘空间的需求或者存储在数据库中表的最大行数。也可能需要针对每个功能需求或特性分别陈述其性能需求。

安全性需求

陈述与系统安全性、完整性相关的需求，包括产品创建或使用的数据保护。明确产品必须满足的安全性或保密性策略。

软件质量属性

详细陈述与客户或开发人员至关重要的质量特性。这些特性必须是确定的、定量的并可检验的。至少应指明不同属性的相对侧重点。

其他需求

定义至今未出现的需求。例如国际化需求、法律上的需求、有关操作、管理、维护、安装、配置、启动、关闭、修复、容错、监控等等方面的需求。

第六章是数据字典。包含两个部分：

实体关系图

实体定义

第七章是业务规则与业务算法：

业务规则

列举出有关产品的所有操作规则。例如什么人在特定环境下可以进行何种操作。这些规则不是功能需求，但它们可以暗示某些功能需求执行这些规则。

算法说明

用于实施系统计算功能的公式和算法的描述，类似于业务规则。如神州行套餐的计费标准说明。

a. 每个主要算法的概况；

b. 用于每个主要算法的详细公式。

文档的最后是附录部分，包括：

附录 A：分析模型(包括涉及的数据流图、类图、状态转换图)；

附录 B：待确定问题的列表；

附录 C：编写文档的原则。

DDS

详细设计说明书，DDS(Detail Design Specification)又可称程序设计说明书。编制目的是说明一个软件系统各个层次中的每一个程序（每个模块或子程序）的设计考虑，如果一个软件系统比较简单，层次很少，本文件可以不单独编写，有关 内容合并入概要设计说明书。

编码指南

是指程序编码所要遵循的规则，要注意代码的正确性、稳定性、可读性。要避免使用不易理解的数字，用有意义的标识来替代，不要使用难懂的技巧性很高的语句。

3.3 程序员岗位工作流

3.3.1 前期工作准备

一、简介

我国从 1999 年开始，项目管理逐渐热门起来。到 2002 年建设部颁布了“关于发布国家标准《建设工程项目管理规范》的通知”，正式开始从国家层面推广项目管理。但我国的项目管理起步较晚，可供研究的资料不足，导致我国项目管理没有真正意义上的在建设过程中发挥出管理的效益，尤其项目前期工作不充分。

项目前期工作分为广义和狭义两种。广义的项目前期工作从产生项目建设投资的想法开始，主要工作有资金筹措与使用计划，人员和项目管理组（或团队）组织形式和项目管理章程，项目申请报告，项目建设的合法手续以及功能性需要申请办理，建设方案设计评比，招标采购计划等。狭义的项目前期工作仅包括项目建设的合法手续办理，以及为项目建成后运行所需要的水、电、燃气、通信等需要申请开通的手续办理。

在现实过程中，从事项目前期工作的人员，又称作前期拓展专员，其工作内容不外乎各个政府部门之间以及相关单位办理审批，俗称“跑手续”。而实际项目前期工作的内容定义远远不止这些，按照 PMBOOK 中对项目过程组的划分，项目前期工作涵盖了“启动”和“规划”的所有内容。以下主要描述广义的项目前期工作内容。

了解案例的需求条件，以案例为驱动。

开发的环境准备（开发工具、库表设计、jar 包版本控制……）。

开发团队的项目分工（项目负责人、程序员、美工）。

二、角色划分

表 3－1　角色划分

<table>
<tr><th>角色</th><th>项目初始阶段</th><th>详细设计阶段</th><th>编码阶段</th><th>测试阶段</th></tr>
<tr><td rowspan="3">项目经理</td><td>参与或辅助项目谈判，提供项目交付时间和技术方面的可行性分析。评估项目风险，估算项目成本</td><td>审批系统总体设计方案，确保产品设计符合客户要求</td><td>在项目组开始编码之前组织团队学习编码规范，并搭建好开发环境；根据项目的重要性和客户的关注点，判断并找出关键或核心代码；组织人员对工作代码　进行统计；建立基线并组织编码阶段会议</td><td>确保每个版本按里程碑约定准时提交给质量保证团队</td></tr>
<tr><td>组建项目团队，制定项目实施总计划，沟通客户方协作事项</td><td>审批并跟进项目实施和管理详细计划</td><td></td><td>确保每个版本最终通过质量保证团队的测试</td></tr>
<tr><td colspan="4">· 管理项目风险，控制项目变更
· 确保项目进度符合里程碑要求
· 确保项目按约定的流程实施
· 确保项目资源得到合理调配
· 非技术和业务层面的沟通和协调，沟通对象包括客户代表，公司高层，产品经理，开发经理，相关项目负责人，开发团队成员等
· 监控项目实施情况和预算支出情况并定期向上级主管汇报
· 定期听取开发经理关于项目进度和问题的汇报
· 招聘或辞退开发人员，下属业绩评价

总而言之，一个成功的项目经理在项目完成后必须做到三点：
客户满意　公司有利润　组员有进步</td></tr>
</table>

（续表）

<table>
<tr><th>角色</th><th>项目初始阶段</th><th>详细设计阶段</th><th>编码阶段</th><th>测试阶段</th></tr>
<tr><td>开发经理</td><td>参与收集和分析客户需求</td><td>带领开发团队
设计整个系统</td><td>带领开发团队完成编码任务</td><td>按时向质量保证团队提交可供测试的，稳定的内部开发版本</td></tr>
<tr><td rowspan="3">开发经理</td><td>辅助项目经理确定项目开发策略和管理工具，以及软件各个版本的交付物，里程碑和时间表</td><td>带领开发团队完成系统设计文档包括功能需求说明书和系统详细设计说明书等</td><td>监控任务完成进度和质量，在不影响里程碑进度的情况下对任务计划作出调整</td><td>与业务分析员和质量保证人员一起确认测试反馈的产品缺陷，确定Bug Fix的范围和优先级</td></tr>
<tr><td>辅助项目经理招聘项目成员，负责新人培训计划安排</td><td>把大任务进一步分解成多个子任务，细化任务安排和进度计划，并在实施过程中确保项目进度符合里程碑的硬性要求</td><td>指导开发人员解决开发过程中出现的技术难题</td><td>Bug Fix任务分配和时间计划，确保测试反馈的产品缺陷得到及时的跟进和解决</td></tr>
<tr><td colspan="4">· 把项目实施过程中遇到的业务和需求方面的问题反馈给业务分析员
· 如果不设业务分析员，则直接反馈给用户
· 跟进功能需求说明书和详细设计说明书的内容变化
· 系统交付物各个版本的控制和维护
· 定期向项目经理汇报项目进度和问题
· 辅助项目经理制定和审批项目加班计划和组员休假计划等
· 为项目经理的决策提供技术级别的支持</td></tr>
<tr><td rowspan="3">业务分析员</td><td>负责客户需求的收集和分析
负责编写和提交客户需求说明书
负责项目成员的业务培训。</td><td>参与系统GUI界面设计，确保系统设计在功能上满足客户需求，在操作上符合专业用户的使用习惯</td><td>在业务工作量不饱和的情况下可作为开发人员参与部分编码工作</td><td>参与版本提交前的内部测试，确认系统业务实现与客户需求一致</td></tr>
<tr><td></td><td>参与编写和审核功能需求说明书</td><td></td><td></td></tr>
<tr><td colspan="4">· 与客户沟通需求，辅助项目经理控制和跟进需求变更，包括新需求的收集、分析、合并、过滤以及排定优先级等
· 向开发团队提供业务咨询服务，及时解答他们面临的业务、需求等相关的问题</td></tr>
<tr><td>系统分析员</td><td>参与客户需求的收集和分析</td><td>负责系统详细设计，如采用UML构建领域模型，数据模型，类/对象关系图和接口实现标准等</td><td>作为开发人员参与部分编码工作提供技术咨询服务，解决开发过程中遇到的技术难题</td><td>参与版本提交前的内部测试，确认测试反馈的产品的技术缺陷并提出修正方案</td></tr>
</table>

（续表）

<table>
<tr><th>角色</th><th>项目初始阶段</th><th>详细设计阶段</th><th>编码阶段</th><th>测试阶段</th></tr>
<tr><td rowspan="2">系统分析员</td><td></td><td>编写和审核系统实现说明书</td><td></td><td></td></tr>
<tr><td colspan="4">• 辅助开发经理对新来的开发人员进行必要的业务和技术培训</td></tr>
<tr><td rowspan="4">系统架构师</td><td>了解和分析客户需求</td><td>负责系统适用架构的选择、分析、设计和集成。负责架构适配层和通用组件的设计</td><td>负责架构适配层基础结构实现，指导团队成员开发应用层和通用组件</td><td>领导开发团队进行版本提交前，内部的系统集成测试</td></tr>
<tr><td>负责新技术的研究和培训</td><td>负责编写系统总体架构设计说明书</td><td>确保各个功能模块遵照既定的架构被正确地设计、开发和集成</td><td></td></tr>
<tr><td>负责技术实现级别的标准制定</td><td>负责向开发人员讲解系统架构的设计思路和使用方法</td><td>负责系统架构的维护和完善，帮助解决开发中遇到的技术难题</td><td></td></tr>
<tr><td colspan="4">• 根据项目实施的实际情况和需求，不断完善系统应用架构和通用组件</td></tr>
<tr><td rowspan="4">开发人员（程序员）</td><td>了解客户需求，开发规范以及当前项目实施采用的流程和约定</td><td>在开发经理的安排下，参与部分系统设计工作</td><td>系统功能模块的编码实现(包括系统原型实现)</td><td>负责各自任务功能模块的单元测试</td></tr>
<tr><td>协助开发经理制定项目详细任务分配计划和进度计划</td><td>参与编写功能需求说明书和系统详细设计说明书</td><td>在测试驱动的开发模式中需要编写大量的单元测试程序</td><td>在系统架构师的带领下参与版本提交前的内部集成测试</td></tr>
<tr><td>项目技术的学习和研究</td><td>辅助系统架构师设计系统的应用框架，在架构师的指导下了解和熟悉应用框架的设计思路和使用方法</td><td>辅助系统架构师对系统各个功能模块进行集成</td><td>修正测试反馈的产品缺陷</td></tr>
<tr><td colspan="4">• 开发人员之间的互相协作和支持
• 在开发经理的安排下与即将离职的同事进行工作交接，定期向开发经理汇报工作情况和任务进度，并及时反映开发过程中遇到的问题
• 提出项目实施、管理、工作方法和团队建设等方面的改进建议</td></tr>
</table>

（续表）

角色	项目初始阶段	详细设计阶段	编码阶段	测试阶段
质量保证人员	参与收集和了解客户需求，制定测试计划，包括时间计划，人员安排，测试方法和测试范围等	根据功能需求说明书来设计测试用例	提交测试计划，测试用例，测试数据和测试脚本给管理层审查	从 CVS 中导出要测试的版本程序，按系统安装说明书搭建测试环境，执行测试并提交测试报告
			编写自动化回归测试的脚本	测试通过后，负责出 Release
	质量保证人员的职责远远不止这些，如版本控制等，由于不是本书的重点故不再详述			

3.3.2 项目正式启动

项目启动是一个过程，它始于某个触发条件（招标、上级命令、商业机会等）而结束于在项目目标的渐进明细（量化）。通常在发达国家该阶段会持续比较长的时间用于论证，以免给投资人造成损失。而在项目目标达成一致后，项目经理也会被委任，并带领早期项目团队开展各项项目的计划工作。

一、项目正式启动标志

项目正式开始有两个明确的标志。一是任命项目经理、建立项目管理班子，二是下达项目许可证书。项目经理的选择和核心项目组的组建是项目启动的关键环节，强有力的领导是优秀项目管理的必要组成部分。项目经理必须领导项目成员，处理好与项目关键人的关系，理解项目的商业需求，准备可行的项目计划。

二、项目启动主要内容

项目启动是指成功启动一个项目的过程，项目启动最主要的目的是获得对项目的授权。项目启动意味着开始定义一个项目的所有参数，以及开始计划针对项目的目标和最终成果的各种管理行为，项目启动过程也是由项目团队和项目利益相关者共同参与的一个过程，在这个阶段的主要任务包括：

（1）制定项目的目标。

（2）项目的合理性说明，具体解释为什么开展本项目是解决问题或者是满足某种需求的最佳方案。

（3）项目范围的初步说明。

（4）确定项目的可交付成果。

（5）预计项目的持续时间及所需要的资源。

（6）确定高层管理者在项目中的角色和义务。

三、项目启动阶段的投入

1. 产品说明

产品说明应该能阐明项目工作完成后，所生产出的产品或服务的特征。产品说明通常在项目工作的早期阐述少，而在项目的后期阐述多，因为产品的特征是逐步显现出来的。

产品说明也应该记载已生产出的产品或服务同商家的需要或别的影响因素间的关系，它会对项目产生积极的影响。尽管产品说明的形式和内容是多种多样的，但是，它应能对以后的项目规划提供详细的、充分的资料。

许多项目都包括一个按购买者的合同进行工作的销售组织。在这种情况下，最初的产品说明通常是由购买方提供的。如果买者的工作本身就是制定项目的，则买者的产品说明就是对自己工作的一种陈述。

2. 战略计划

所有的项目组织都应该提供项目执行组织的战略目标——在项目决策的选择中，执行组织的战略计划应该作为一个考虑的因素。

3. 项目选择标准

项目选择标准通常是通过项目产品界定的，它涉及管理可能包含的全部范围。

4. 历史资料

历史资料包括以往项目选择决策的结果和以往项目执行的结果，在可获得的范围内对它们加以考虑。在项目启动阶段，就包含了对项目下一阶段工作的认可，有关前一阶段结果的信息，这些信息通常是非常重要的。

四、项目启动阶段投入的工具和技术

1. 项目选择方法

项目选择方法通常是下列两种模型之一：

(1) 利润测量方法。有比较研究法、评分模型、利润贡献或经济模型。

(2) 制约最优化方法。有数学模型、线性的、非线性的、动态的、完整的及混合目标项目规则系统。

这些方法通常被作为决策模型来考虑。决策模型既包括常规技术(决策树、核心选择和其他)，也包括特殊技术(历史进程分析、逻辑结构分析及其他)。在一个成熟模型中，对项目选择标准的应用通常被作为一个分离的独立阶段。

2. 专家评审

专家评审通常是要对这个项目的投入进行评估。像这种专家评价，可以通过一个组织或拥有特殊知识和受了专门培训的个人来进行，可以通过许多途径获得。包括：

(1) 这个执行组织中的其他单位。

(2) 顾问。

(3) 专家和技术联合会。

(4) 工业集团。

五、项目启动后的成果

1. 项目证书

项目证书是正式认可项目存在的一个文件。它对其他文件既有直接作用,也有参考作用包括既定的商业目标和产品说明书。

项目证书应该通过管理者对项目及项目所需的条件进行客观的分析后颁发,它提供给项目经理运用,组织生产资源,进行生产活动的权力。

当一个项目按照合同执行时,合同条款通常像项目证书一样,为销售者服务。

2. 指定/委派的项目经理

通常,项目经理应该尽可能在项目的早期进行指定和委派是比较合适的。项目经理应该在项目计划实施开始之前被委派,更应该在许多项目规划完成之前就委派好。

3. 制约因素

制约因素是限制项目管理团队进行运作的要素。如事先确定预算是制约项目团队的操作范围、职员调配和进步计划的一个很重要的因素。当一个项目按照合同执行时,合同条款通常是受合同制约的。

4. 假设因素

为了规划目标的准确性,考虑到的假设因素必须具有科学性、真实性和确定性。例如:如果关键人物的到场日期不能落实,那么项目团队就应该设置一个具体的开始时间。假设通常包含有一定程序的风险。在此它们可能被确认或它们可能是一个风险界定的输出。

六、项目启动后项目管理者工作

项目启动是项目运行的第一阶段,是项目计划和实施的基础。它主要解决以下四个基本问题:项目的总目标是什么,项目的具体目标是什么,项目应该获得哪些主要成果,需要哪些项目条件。这些问题弄清了,项目的计划和实施才会有成功的基础。

项目管理者在项目启动与选定阶段应确定的五项工作是:项目总体描述,项目目标的确定,项目工作分解,项目的资源需求分析,项目管理研讨。

(一) 项且总体描述

项目选定的第一步是项目总目标的确定,项目总体描述是对项目总目标的具体描述。它应包括如下要素:项目的措施和结果(即活动表现),完成的期限(时间),项目成本估算(成本备选方案)。在项目描述时,要求项目领导小组进行认真的调查分析,在描述表达方式上要注意表达行动的结果、时间和成本。

(二) 项目目标的确定

确定项目目标是在项目描述之后进行的。项目描述通过对时间、成本和活动表现这三个要素的鉴别,为项目总目标的确立提供了基本信息,项目目标则是对这三个要素的进一步明确。

项目领导小组在进行项目目标的确定时要考虑项目结束时的成果及项目所面临的困难。在考虑项目成果时需考虑的方面有：活动和资金、技术、组织、市场及其他对组织机构有影响的方面。在考虑项目所面临的困难和问题时，除人员、资金和时间等限制因素之外还需要注意：法律、法规对项目活动和结果有无限制，是否会因此而增加成本和风险；项目与政策的适应性；项目对环境的影响，以及随之要承担的责任和义务；财务限制，缺乏资金或手续繁琐；影响组织机构的内、外部因素，如合格人员不足、行政干预过多、人员变动大等。确定项目目标，即要弄清项目的最终成果是什么。这种最终成果只能有一个，如果认为项目有若干个目标，则要明确这些目标间的关系。一种可能是项目总目标附属了许多分目标，这些分目标可称之为阶段性成果。

确定项目目标的同时，要考虑目标的检验指标问题。一个好的项目目标，可以导致实施计划的顺利进行，同时，也可以使项目组织管理人员统一思想、达成共识，在进行项目选定和对项目目标的研讨过程中，可以用集思广益的方法或有序的小组研讨方式进行，这是成功所必需的条件。

（三）项目工作分解

项目目标的实现需要通过项目分目标的实现来完成，这些分目标一般被称为成果。同样，这些成果的取得则需要相应的活动（或称为措施）。这样，目标、成果、措施或活动便形成了项目的不同目标水平。将项目目标下的工作程序按不同水平加以细化，称作项目工作分解结构。在分解过程中，要确定所需要的资源、责任分工和有助于项目计划实施的其他方面内容。项目分解结构在文字表达上要尽量准确地反映要完成的有形工作，将活动划分到足以制定出详细工作计划为止，以便有利于项目计划的设计和逐步、逐阶段地实现项目目标。

工作分解结构的分解步骤：

1. 列出主要的成果和活动；

2. 列出次要的成果和活动（为实现主要的成果和活动的措施）；

3. 写出提纲或画出图表，表示各项成果和活动的独立性，各项活动间的联系，每项活动开始和结束及其指标等。

（四）资源需求分析

项目资源需求分析是根据工作分解中各个水平目标的要求，确定项目所需要的资源类型、数量和成本，从而为项目计划及项目责任分配提供依据。资源需求分析是项目成功不可缺少的重要工作。

项目的每项活动都要考虑所需要的人力、设施、仪器设备、物质供应和其他特殊的设备或成本要求。

（五）项目管理研讨

项目管理研讨是项目管理的一种工具，它强调对问题集体讨论、集思广益。根据不同阶段的特点，调整不同的目标和内容拳坦应该注意其程序是相同的。

项目管理研讨的具体步骤是：收集准确与完善的数据，检测和处理数据、决策。

在项目选定过程中，项目管理研讨可能涉及到的决策包括：增加或删减项目目标或项目成果，修正工作分解结构，减少或增加资源需求量。

七、常规流程

由项目经理牵头，以程序员为重心，共同讨论，完成用户需求分析。然后由美工根据内容表现的需要，设计框架，在美工设计页面的同时，程序员着手开发后台程序代码，做一些必要的测试。美工界面完成后，添加程序代码，由项目组共同联调测试，发现 bug，完善一些具体的细节。最后进行部署。以上的每一部都会产生一些阶段性成果，项目经理需要及时进行审核、监督，发现问题即使纠正。

总结得出大概流程如下。

1. 体验需求分析总体设计

1）需求说明

当完成需求的定义及分析后，需要将此过程书面化，要遵循既定的规范将需求形成书面的文档，我们通常称之为《需求分析说明书》。

邀请同行专家和用户（包括客户和最终用户）一起评审《需求规格说明书》，尽最大努力使《需求规格说明书》能够正确无误地反映用户的真实意愿。需求评审之后，开发方和客户的责任人对《需求规格说明书》做出书面承诺。具体的同行评审详见需求评审章节。

2）需求确认

需求确认是需求管理过程中的一种常用手段，也是需求控制的环节之一；确认有两个层面的意思，第一是进行系统需求调查与分析的人员与客户间的一种沟通，通过沟通从而对需求不一致的进行剔除；另外一个层面的意思是指，对于双方达成共同理解或获得用户认可的部分，双方需要进行承诺。

3）建立需求状态

建立需求状态，顾名思义，状态也就是一种事物或实体在某一个时刻或点所处的情况，此处要讲的需求状态是指用户需求的一种状态变换过程。

为什么要建立需求状态？在整个生命周期中，存在着几种不同的情况，在需求调查人员或系统分析人员进行需求调查时，客户存在的需求可能有多种。

对于这些需求，在开发进展的过程中，存在着以下几种情况：

[1] 有可能要取消的；

[2] 有的因为不明确而可以后延的，同时可能转化为被取消的需求；

[3] 与客户经过沟通或确认的，此处有两种情况，一类是确认双方达成共识，另一种情况是还需要再进一步沟通的。

4）主要技术

需求分析有可能在一个项目中成为一个漫长、艰巨的工作。需求分析专家与他们的顾客交谈、记录他们的交谈结果、分析他们收集的信息，从中提取互相矛盾的地方，总结出一个总体观念，然后再与顾客交谈他们发现的问题。这个过程可以不断重复，在有些项目中这个过程可以伴随着整个生命周期。

新系统很可能改变人之间的关系和人的工作环境，因此认定谁是重要的信息持有者是非常重要的。只有这样在需求分析的过程中才能够将顾客所有的需要都记录下来，只有这样才能保证他们认识到新的系统对他们来说带来怎样的变化。出于下述原因这个要求往往达不到：

与顾客的交谈不够多和不够彻底，一些重要的需求被忽视；

顾客的反应不说明问题，顾客对新系统的特征不满。

为了使所有这些讨论有条理、有组织和有效地被记录下来，这些讨论的过程和其内容的演化也必须被记录下来。

分析员可以使用不同的技术来从顾客手中获得需求。比较老的方式有采访顾客，或者与顾客一起开座谈会，列举顾客的需求。比较新的技术有创建模型和使用用例。在最佳状态下采纳了不同的技术后他们可以完全理解顾客的需要和与持重要信息的人创建了必要的联系。

2. UI 设计页面

1）简介

UI 设计师的职能大体包括三方面：一是图形设计，即传统 UI 设计统意义上的“美工”。当然，实际上他们承担的不是单纯意义上美术工人的工作，而是软件产品的产品“外形”设计。二是交互设计，主要在于设计软件的操作流程、树状结构、操作规范等。一个软件产品在编码之前需要做的就是交互设计，并且确立交互模型，交互规范。三是用户测试/研究，这里所谓的“测试”，其目标在于测试交互设计的合理性及图形设计的美观性，主要通过以目标用户问卷的形式衡量 UI 设计的合理性。如果没有这方面的测试研究，UI 设计的好坏只能凭借设计师的经验或者领导的审美来评判，这样就会给企业带来极大的风险。

2）设计原则

a）简易性

界面的简洁是要让用户便于使用、便于了解，并能减少用户发生错误选择的可能性。

b）用户语言

界面中要使用能反应用户本身的语言，而不是游戏设计者的语言。

c）记忆负担最小化

人脑不是电脑，在设计界面时必须要考虑人类大脑处理信息的限度。人类的短期记忆极不稳定、有限，24 小时内存在 25％的遗忘率。所以对用户来说，浏览信息要比记忆更容易。

d）一致性

是每一个优秀界面都具备的特点。界面的结构必须清晰且一致，风格必须与游戏内容相一致。

e）清楚

在视觉效果上便于理解和使用。

f）用户的熟悉程度

用户可通过已掌握的知识来使用界面，但不应超出一般常识。

g）从用户习惯考虑

想用户所想，做用户所做。用户总是按照他们自己的方法理解和使用。通过比较两个不同世界（真实与虚拟）的事物，完成更好的设计。如：书籍对比竹简。

h）排列

一个有序的界面能让用户轻松的使用。

i）安全性

用户能自由的作出选择，且所有选择都是可逆的。在用户作出危险的选择时有信息介入系统的提示。

j）灵活性

简单来说就是要让用户方便的使用，但不同于上述。即互动多重性，不局限于单一的工具（包括鼠标、键盘或手柄、界面）。

k）人性化

高效率和用户满意度是人性化的体现。应具备专家级和初级玩家系统，即用户可依据自己的习惯定制界面，并能保存设置。

3）设计流程

a）确认目标用户

在 UI 设计过程中，需求设计角色会确定软件的目标用户，获取最终用户和直接用户的需求。

用户交互要考虑到目标用户的不同引起的交互设计重点不同。

例如：对于科学用户和对于电脑入门用户的设计重点就不同。

采集目标用户的习惯交互方式

不同类型的目标用户有不同的交互习惯。这种习惯的交互方式往往来源于其原有的针对现实的交互流程、已有软件工具的交互流程。

当然还要在此基础上通过调研分析找到用户希望达到的交互效果，并且以流程确认下来。

提示和引导用户

软件是用户的工具。因此应该由用户来操作和控制软件。软件响应用户的动作和设定的规则。

对于用户交互的结果和反馈，提示用户结果和反馈信息，引导用户进行用户需要的下一步操作。

b）一致性原则

设计目标一致

软件中往往存在多个组成部分（组件、元素）。不同组成部分之间的交互设计目标需要一致。

例如：如果以电脑操作初级用户作为目标用户，以简化界面逻辑为设计目标，那么该目标需要贯彻软件（软件包）整体，而不是局部。

元素外观一致

交互元素的外观往往影响用户的交互效果。同一个（类）软件采用一致风格的外观，对于保持用户焦点，改进交互效果有很大帮助。遗憾的是如何确认元素外观一致没有特别统一的衡量方法。因此需要对目标用户进行调查取得反馈。

交互行为一致

在交互模型中，不同类型的元素用户触发其对应的行为事件后，其交互行为需要一致。

例如：所有需要用户确认操作的对话框都应至少包含确认和放弃两个按钮。

对于交互行为一致性原则比较极端的理念是相同类型的交互元素所引起的行为事件相同。但是我们可以看到这个理念虽然在大部分情况下正确，但是的确有相反的例子证明不按照这个理念设计，会更加简化用户操作流程。

c）可用性原则

可理解

软件要为用户使用，用户必须可以理解软件各元素对应的功能。

如果不能被用户理解，那么需要提供一种非破坏性的途径，使得用户可以通过对该元素的操作，理解其对应的功能。

比如：删除操作元素。用户可以点击删除操作按钮，提示用户如何删除操作或者是否确认删除操作，用户可以更加详细的理解该元素对应的功能，同时可以取消该操作。

可达到

用户是交互的中心，交互元素对应用户需要的功能。因此交互元素必须可以被用户控制。

用户可以用诸如键盘、鼠标之类的交互设备通过移动和触发已有的交互元素达到其它在此之前不可见或者不可交互的交互元素。

要注意的是交互的次数会影响可达到的效果。当一个功能被深深隐藏（一般来说超过 4 层）那么用户达到该元素的概率就大大降低了。

可达到的效果也同界面设计有关。过于复杂的界面会影响可达到的效果。

可控制

软件的交互流程，要让用户可以控制。

功能的执行流程，要让用户可以控制。

如果确实无法提供控制，则用能被目标用户理解的方式提示用户。

4）设计方向

从字面上看是用户与界面两个组成部分，但实际上还包括用户与界面之间的交互关系，所以这样可分为三个方向，他们分别是：用户研究、交互设计、界面设计。

a）用户研究

用户研究包含两个方面：一是可用性工程学，研究如何提高产品的可用性，使得系统的设计更容易被人使用、学习和记忆；二是通过可用性工程学的研究，发掘用户的潜在需求，为技术创新提供另外一条思路和方法。

用户研究是一个跨学科的专业，涉及可用性工程学、人类功效学、心理学、市场研究学、教育学、设计学等学科。用户研究技术是站在人文学科的角度来研究产品，站在用户的角度介入到产品的开发和设计中。

用户研究通过对于用户的工作环境、产品的使用习惯等研究，使得在产品开发的前期能够把用户对于产品功能的期望、对设计和外观方面的要求融入到产品的开发过程中去，从而帮助企业完善产品设计或者探索一个新产品概念。它是得到用户需求和反馈的途径，也是检验界面与交互设计是否合理的重要标准。

b）交互设计

这部分指人与机之间的交互工程，在过去交互设计也由程序员来做，其实程序员擅长编码，而不善于与最终用户交互。所以，很多的软件虽然功能比较齐全，但是交互方面设计很粗糙，繁琐难用，学习困难。于是我们把交互设计从程序员的工作中分离出来单独成为一个学科，也就是人机交互设计。目的在于加强软件的易用、易学、易理解，使计算机真正成为方便地为人类服务的工具。

c）界面设计

在漫长的软件发展中，界面设计工作一直没有被重视起来。做界面设计的人也被贬义地称为“美工”。其实软件界面设计就像工业产品中的工业造型设计一样，是产品的重要卖点。一个友好美观的界面会给人带来舒适的视觉享受，拉近人与电脑的距离，为商家创造卖点。界面设计不是单纯的美术绘画，它需要定位使用者、使用环境、使用方式并且为最终用户而设计，是纯粹的科学性艺术设计。检验一个界面的标准即不是某个项目开发组领导的意见也不是项目成员投票的结果，而是最终用户的感受。所以界面设计要和用户研究紧密结合，是一个不断为最终用户设计满意视觉效果的过程。

5）设计规范

a）一致性原则

坚持以用户体验为中心设计原则，界面直观、简洁，操作方便快捷，用户接触软件后对界面上对应的功能一目了然、不需要太多培训就可以方便使用本应用系统。

b）准确性原则

使用一致的标记、标准缩写和颜色，显示信息的含义应该非常明确，用户不必再参考其它信息源。

显示有意义的出错信息，而不是单纯的程序错误代码。

避免使用文本输入框来放置不可编辑的文字内容，不要将文本输入框当成标签使用。

使用缩进和文本来辅助理解。

使用用户语言词汇，而不是单纯的专业计算机术语。

高效地使用显示器的显示空间，但要避免空间过于拥挤。

保持语言的一致性，如“确定”对应“取消”，“是”对应“否”。

c）布局合理化原则

在进行 UI 设计时需要充分考虑布局的合理化问题，遵循用户从上而下，自左向右浏览、操作习惯，避免常用业务功能按键排列过于分散，以造成用户鼠标移动距离过长的弊端。多做“减法”运算，将不常用的功能区块隐藏，以保持界面的简洁，使用户专注于主要业务操作流程，有利于提高软件的易用性及可用性。

3．程序设计

1）简介

程序设计是给出解决特定问题程序的过程，是软件构造活动中的重要组成部分。程序设计往往以某种程序设计语言为工具，给出这种语言下的程序。程序设计过程应当包括分析、设计、编码、测试、排错等不同阶段。专业的程序设计人员常被称为程序员。

任何设计活动都是在各种约束条件和相互矛盾的需求之间寻求一种平衡，程序设计也不例外。在计算机技术发展的早期，由于机器资源比较昂贵，程序的时间和空间代价往往是设计者关心的主要因素；随着硬件技术的飞速发展和软件规模的日益庞大，程序的结构、可维护性、复用性、可扩展性等因素日益重要。

另一方面，在计算机技术发展的早期，软件构造活动主要就是程序设计活动。但随着软件技术的发展，软件系统越来越复杂，逐渐分化出许多专用的软件系统，如操作系统、数据库系统、应用服务器，而且这些专用的软件系统愈来愈成为普遍的计算环境的一部分。这种情况下软件构造活动的内容越来越丰富，不再只是纯粹的程序设计，还包括数据库设计、用户界面设计、接口设计、通信协议设计和复杂的系统配置过程。

2）步骤

分析问题

对于接受的任务要进行认真的分析，研究所给定的条件，分析最后应达到的目标，找出解决问题的规律，选择解题的方法，完成实际问题。

设计算法

即设计出解题的方法和具体步骤。

编写程序

将算法翻译成计算机程序设计语言，对源程序进行编辑、编译和连接。

运行程序，分析结果

运行可执行程序，得到运行结果。能得到运行结果并不意味着程序正确，要对结果进行分析，看它是否合理。不合理要对程序进行调试，即通过上机发现和排除程序中的故障的过程。

编写程序文档

许多程序是提供给别人使用的，如同正式的产品应当提供产品说明书一样，正式提供给用户使用的程序，必须向用户提供程序说明书。内容应包括：程序名称、程序功能、运行环境、程序的装入和启动、需要输入的数据，以及使用注意事项等。

3）方法

a）面向过程

面向过程的结构化程序设计分三种基本结构：顺序结构、选择结构、循环结构。

原则：

1. 自顶向下：指从问题的全局下手，把一个复杂的任务分解成许多易于控制和处理的子任务，子任务还可能做进一步分解，如此重复，直到每个子任务都容易解决为止。

2. 逐步求精。

3. 模块化：指解决一个复杂问题是自顶向下逐层把软件系统划分成一个个较小的、相对独立但又相互关联的模块过程。

注意事项

1. 使用顺序、选择、循环等有限的基本结构表示程序逻辑。

2. 选用的控制结构只准许有一个入口和一个出口。

3. 程序语句组成容易识别的块，每块只有一个入口和一个出口。

4. 复杂结构应该用基本控制结构进行组合或嵌套来实现。

5. 程序设计语言中没有的控制结构，可用一段等价的程序段模拟，但要求改程序段在整个系统中应前后一致。

6. 严格控制GOTO语句

b）面向对象的程序设计

面向对象的基本概念

① 对象

② 类

③ 封装

④ 继承

⑤ 消息

⑥ 多态性

优点

① 符合人们认识事物的规律

② 改善了程序的可读性

③ 使人机交互更加贴近自然语言

4）语言

是用于编写计算机程序的语言。语言的基础是一组记号和一组规则。根据规则由记号构成的记号串的总体就是语言。在程序设计语言中，这些记号串就是程序。程序设计语言包含三个方面，即语法、语义和语用。语法表示程序的结构或形式，亦即表示构成程序的各个记号之间的组合规则，但不涉及这些记号的特定含义，也不涉及使用者。语义表示程序的含义，亦即表示按照各种方法所表示的各个记号的特定含义，但也不涉及使用者。语用表示程序与使用的关系。

语言分类

程序设计语言的基本成分有：① 数据成分，用于描述程序所涉及的数据；② 运算成分，用以描述程序中所包含的运算；③ 控制成分，用以描述程序中所包含的控制；④ 传输成分，用以表达程序中数据的传输。

按照语言级别可以分为低级语言和高级语言。低级语言有机器语言和汇编语言。低级语言与特定的机器有关、功效高，但使用复杂、繁琐、费时、易出差错。机器语言是表示成数码形式的机器基本指令集，或者是操作码经过符号化的基本指令集。汇编语言是机器语言中地址部分符号化的结果，或进一步包括宏构造。高级语言的表示方法要比低级语言更接近于待解问题的表示方法，其特点是在一定程度上与具体机器无关，易学、易用、易维护。

程序设计语言按照用户的要求有过程式语言和非过程式语言之分。过程式语言的主要特征是，用户可以指明一列可顺序执行的运算，以表示相应的计算过程，如 FORTRAN、COBOL、PASCAL 等。

按照应用范围，有通用语言与专用语言之分。如 FORTRAN、COLBAL、PASCAL、C 语言等都是通用语言。目标单一的语言称为专用语言，如 APT 等。

按照使用方式，有交互式语言和非交互式语言之分。具有反映人机交互作用的语言成分的语言成为交互式语言，如 BASIC 等。不反映人机交互作用的语言称为非交互式语言，如 FORTRAN、COBOL、ALGOL69、PASCAL、C 语言等都是非交互式语言。

按照成分性质，有顺序语言、并发语言和分布语言之分。只含顺序成分的语言称为顺序语言，如 FORTRAN、C 语言等。含有并发成分的语言称为并发语言，如 PASCAL、Modula 和 Ada 等。

程序设计语言是软件的重要方面，其发展趋势是模块化、简明化、形式化、并行化和可视化。

程序设计语言还分为面向对象和面向过程，面向对象的例如：C＋＋/C＃/Delphi……面向过程的例如：Free Pascal/C 语言……

按照结构性质，有结构化程序设计与非结构化程序设计之分。前者是指具有结构性的程序设计方法与过程。它具有由基本结构构成复杂结构的层次性，后者反之。按照用户的要求，有过程式程序设计与非过程式程序设计之分。前者是指使用过程式程序设计语言的程序设计，后者指非过程式程序设计语言的程序设计。按照程序设计的成分性质，有顺序程序设计、并发程序设计、并行程序设计、分布式程序设计之分。按照程序设计风格，有逻辑式程序设计、函数式程序设计、对象式程序设计之分。

4. 项目整合

1）简介

项目整合管理其内涵包括为识别、定义、组合、统一与协调项目管理过程组的各过程及项目管理活动而进行的各种过程和活动。

项目整合管理就是为满足各方需求而进行协调以达到预期目的的过程。它是一项综合性、全局性的工作，主要内容是在相互冲突的目标或可选择的目标中权衡得失。

整合管理主要包括：项目计划开发、项目计划实施、项目综合变更控制这三个过程。这些过程彼此相互影响，同时与其它领域中的过程也互相影响。

项目整体管理就是为完成项目，满足顾客与其他人的要求，管理他们的期望而必须采取的贯穿项目整体的至关重要的行动，包括制定项目章程、制定初步项目范围说明书、制定项目管理计划、指导和管理项目执行、监控项目执行、整体变更控制和项目收尾等七个过程。

2）开发的情况

a）项目计划开发

在整合管理中，项目计划开发就是利用其它各领域的项目规划过程的输出，创建一个内容充实、结构紧凑的文件来指导项目的实施和控制。因此，项目计划开发过程所需要的主要的依据是其它项目规划过程的成果。在这里，项目规划过程主要包括：范围计划、范围界定、活动定义、进度安排、资源规划、成本预算、质量规划、管理规划、沟通规划等一系列规划过程。在这些过程中，最基本的文件是：工作分析结构和辅助说明。在项目计划开发中还需要考虑组织的管理政策。所有项目相关组织可能都有正式或非正式的政策。这些政策是项目实施的规范和标准，必须被项目团队进行遵守和执行，因此在计划时必须考虑到它们的影响。例如：人事管理政策中的雇佣和解雇标准等。

同时，项目计划开发也需要参考项目的历史资料。项目的历史资料是进行项目规划的基础，它为项目规划提供了参考依据。

最后，在项目计划开发中还需要考虑项目的制约因素和假定条件。制约因素是限制项目管理团队运行的因素。例如，当一个项目按照合同执行时，合同条款通常是制约因素。假定是指为了项目规划目标的需要，需要将一些不确定的内容作为真实的和确定的内容来看待。作为项目规划的一部分，项目团队经常识别、记录并促成这些假定。假定通常包含着一定程度的风险。

在项目计划开发时，通常会采用程序化的计划方法来引导项目团队的工作。对于小型项目，可能是非常简单和结构化的方法，如：标准的模板、图纸等；对于一些大型项目，可能需要采用一系列的模型和各种数学方法，如：蒙特卡洛方法、价值分析法等。对于大多数项目，一般会采用将“刚性”工具和方法和“柔性”工具和方法结合在一起使用。在项目计划开发过程中，需要从事大量的信息收集、整理和加工处理工作，为了方便工作的进展，常常采用项目管理信息系统（PMIS）。随着计算机系统应用的普及，PMIS已被大多数项目实施组织所采用，特别是对于一些大型项目，没有这种基于计算机的系统，很难编制出复杂的项目计划。

项目计划开发将会产生两项重要的成果:项目计划和辅助说明。项目计划是正式的、被批准的用于管理和控制项目实施的文件。对于项目计划中不能包含的内容需要以辅助说明的形式来体现出来。

3)实施

项目计划实施过程是完成整个项目计划任务的过程。在这一过程中,项目的各种目标需要被实现,各项专项计划需要被落实。项目计划实施的主要依据是项目计划开发阶段的成果——项目计划、辅助说明,同时组织管理政策也将作为辅助文件来指导项目实施工作。在项目计划实施过程中,势必会有各种风险事件的发生,为了降低项目风险事件对项目实施的影响,通常会设计一些预防措施来减少项目风险事件发生概率。这些措施也将作为输入信息应用于项目计划实施过程中。

另外,在项目计划实施中,通常很难保障项目完全按照计划进行,当项目有了偏差时,就需要采取一定措施来降低偏差对于项目的影响,这些措施被称为纠偏措施,它也将作为输入信息应用于项目计划实施过程中。

项目计划实施过程是项目中最有影响的过程,项目经理和项目管理团队必须协调和解决项目中存在各种技术和组织问题以实现项目目标。在这一过程中通常采用的方法、技术和工具包括以下几方面:

1. 普通管理技能。如领导艺术、信息交流和谈判等都对项目计划实施产生实质性的影响。

2. 生产技能和知识。有关项目产品的技能与知识是项目计划实施的基础。这些必要的技能被作为项目规划的一部分,由人力资源管理中的人员来获得。

3. 工作分配系统。这是为确保项目工作能按时、按序地完成而建立的过程。基本方式是以书面委托的形式开始进行工作活动或启动工作包。但在某些情况下,需要根据具体的项目特点来采用适当的工作分配系统。

4. 进展状况检查会议。它是项目进展信息交流的常规会议。在许多项目中,进展状况会议以各种不定期和不同级别的形式召开(比如:项目管理团队内部的周会等)。

5. 项目管理信息系统(PMIS)。

6. 组织管理过程。在项目实施过程中,项目的所有相关组织均存在着正式的和非正式的过程,这些过程对于项目的执行有很大的影响。

项目实施的结果是项目实施过程中产生的项目产出物。另外,还包括项目实施工作和实施结果的各种文件资料,如:哪些任务已经完成,哪些工作没有完成,满足的质量标准是什么等。

4)综合变更控制

对于项目而言,变更是必然的。为了将项目变更的影响降低到最小,就需要采用变更控制的方法。综合变更控制主要包含以下内容:找出影响项目变更的因素、判断项目变更范围是否已经发生等。进行综合变更控制的主要依据有:项目计划、变更请求和提供了项目执行状况信息的绩效报告。

保证项目变更的规范和有效实施,通常项目实施组织会有一个变更控制系统。变更控制系统是一个正式和文档化的程序,它定义了项目绩效如何被监控和评估,并且包含了哪种级别的项目文件可以被变更。它包括文书处理、系统跟踪、过程程序、变更审批权限控制等。

综合变更控制的结果主要有:更新的项目计划、纠正措施、经验总结。

以上概括性地分析了项目整合管理的主要过程和工作以及过程中采用的方法和技术。值得注意的是，在项目的不同阶段，项目整合管理工作的内容会侧重不同，工作量也会不同。但是要想使项目获得成功，必须从整合的角度，以全局的观点开展整合管理，不能只强调各项具体的专项管理工作。

5. 调试

调试程序是可在被编译了的程序中判定执行错误的程序，它也经常与编译器一起放在 IDE 中。运行一个带有调试程序的程序与直接执行不同，这是因为调试程序保存着所有的或大多数源代码信息（诸如行数、变量名和过程）。它还可以在预先指定的位置（称为断点）暂停执行，并提供有关已调用的函数以及变量的当前值的信息。为了执行这些函数，编译器必须为调试程序提供恰当的符号信息，而这有时却相当困难，尤其是在一个要优化目标代码的编译器中。因此，调试又变成了一个编译问题。

6. 架设＋维护

项目维护有三宝：沟通、文档、代码。

1）目标：了解业务逻辑流

这三点很好理解，初步接手要请教前辈给你点一点业务重点、难点，让自己熟悉下；接着就是看系统的文档了，可以让自己迅速的了解整个项目的方方面面；最后就是走代码，因为前辈的指点可能有误，文档的书写可能有漏，作为一个优秀的程序员只相信自己走的代码，用自己的代码去验证文档，才是最正确的做法。文档只是给了你方向。走代码才能真实的了解具体的业务逻辑。

重点攻击：数据结构＋ER 模型

2）目的：熟知项目的数据结构关系

不管是 C/S 或者 B/S，怎样的开发最后都是无非是底层数据库的数据排列筛选好后传递到前台。所以对待一个新的项目，去研究它的数据结构和库表是很有效的。这就要求我们对数据结构这块进行深入研究。

3）工具：Navicat Premium

目的：提高接手的效率，节省时间。

所谓预先善其事，必先利其器，良好且功能强大的软件开发工具可以很好的给我们提供便利，可以让我们迅速的了解项目的基础结构。Navicat Premium 是一款很强大的数据库可视化工具，可以让我们在对数据库操作中提供很多便利。

3.3.3 编码工作流图

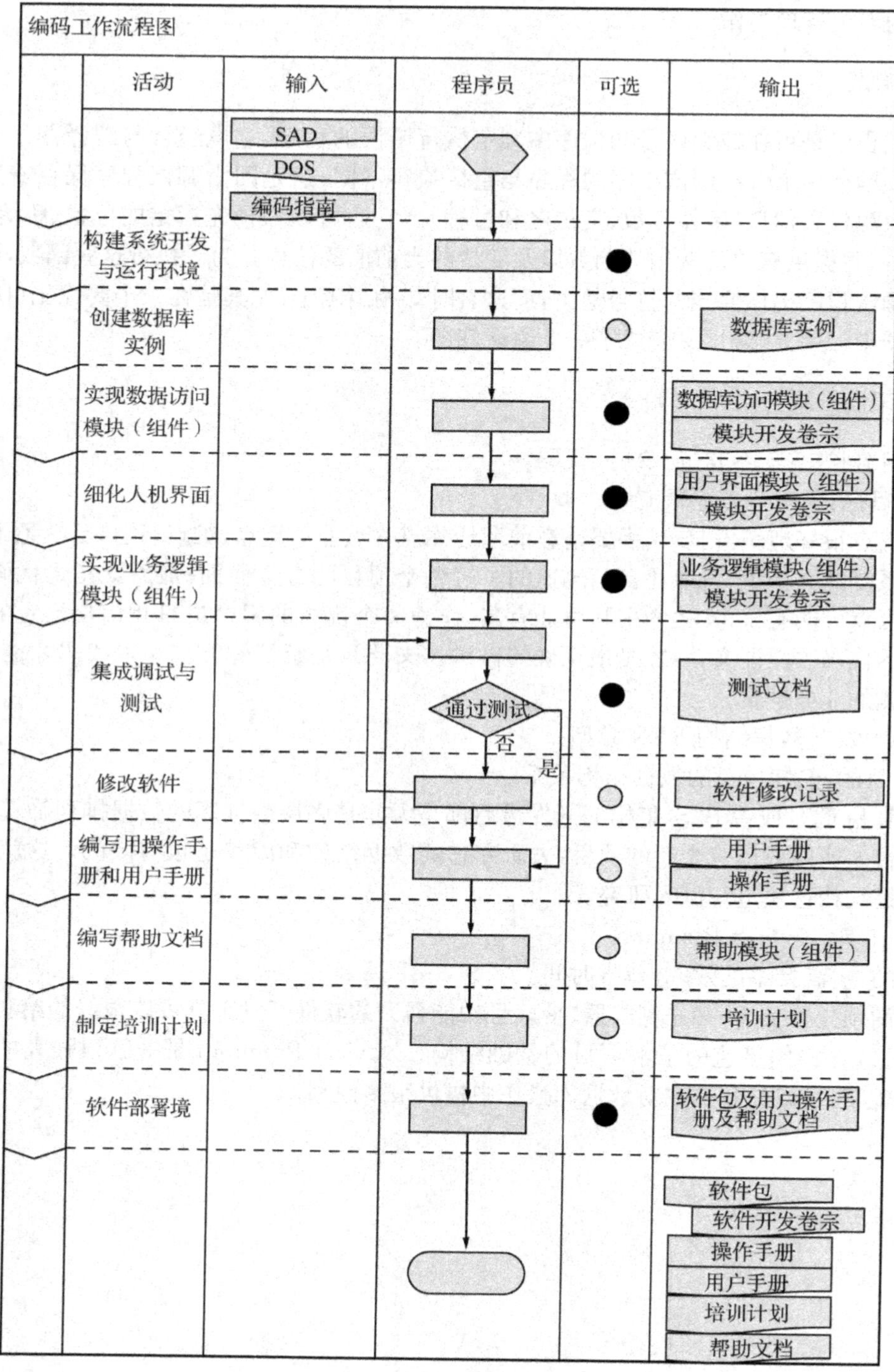

图 3－1 编码工作流图

3.4　程序员岗位输出

1. 数据库实例：数据库实例就是后台进程和数据库文件的集合。一个 SQL Server 服务器就是一个实例。

2. 数据库访问模块(组件)：建立数据库访问方式。

3. 用户界面模块(组件)：设计并开发用户界面。

4. 测试文档：把测试的过程和结果写成文档，对发现的问题和缺陷进行分析，为纠正软件的存在的质量问题提供依据，同时为软件验收和交付打下基础。

5. 软件修改记录：把软件修改的过程和地方记录形成文档，为以后软件维护打下基础。

6. 用户手册：包括软件各项功能的使用流程、操作步骤、相应业务介绍、特殊提示和注意事项等方面的内容，在需要时还应举例说明。

7. 操作手册：详细介绍安装软件对运行环境的要求、安装软件的定义和内容、在客户端、服务器端及中间件的具体安装步骤、安装后的系统配置。

8. 帮助模块(组件)：向客户提供的软件使用帮助文档。

9. 培训计划：制定的针对客户的培训计划，主要培训软件的使用方法。

10. 软件包：打包的程序。

3.5　程序员岗位作业指导附录

详见附录部分。

第4章 程序员岗位作业文档模板

本章给出程序员岗位在工作过程中涉及到的各类文档模板。主要模板有:项目计划书、任务分派书、系统用户手册、系统开发卷宗、系统操作手册。

本章重点描述项目计划书模板和任务分派书模板,其他模板请参考附录,这里不再赘述。

4.1 项目计划书模板

4.1.1 模板

根据《GB8567—88 计算机软件产品开发文件编制指南》中项目开发计划的要求,结合实际情况调整后的《项目计划书》内容索引如下:

1 引言

① 编写目的

② 背景

③ 定义

④ 参考资料

⑤ 标准、条约和约定

2 项目概述

① 项目目标

② 产品目标与范围

③ 假设与约束

④ 项目工作范围

⑤ 应交付成果

⑥ 需完成的软件

⑦ 需提交用户的文档

⑧ 须提交内部的文档

⑨ 应当提供的服务

⑩ 项目开发环境

⑪ 项目验收方式与依据

3　项目团队组织
① 组织结构
② 人员分工
③ 协作与沟通
(1) 内部协作
(2) 接口人员
(3) 外部沟通
4　实施计划
① 风险评估及对策
② 工作流程
③ 总体进度计划
④ 项目监控
a. 质量控制计划
b. 进度监控计划
c. 预算监控计划
d. 配置管理计划
5　支持条件
① 内部支持(可选)
② 客户支持(对项目而言)
③ 外包(可选)
6　预算(可选)
① 人员成本
② 设备成本
③ 其它经费预算
④ 项目合计经费预算
7　关键问题
8　专题计划要点

4.1.2　模板说明

1　引言
① 编写目的
说明编写这份项目计划的目的,并指出预期的读者。

作用:本节是为了说明编制“项目计划书”亦即本文档的意图和希望达到的效果。注意这里的“目的”不是“项目目标”,而是为了说明本文档的目的与作用。“项目目标”在 2.1 中说明。

意义:使项目成员和项目干系人了解项目开发计划书的作用、希望达到的效果。开发计划书的作用一般都是“项目成员以及项目干系人之间的共识与约定,项目生命周期所有活动的行动基础,以便项目团队根据本计划书开展和检查项目工作。”

例如可以这么写：为了保证项目团队按时保质地完成项目目标，便于项目团队成员更好地了解项目情况，使项目工作开展的各个过程合理有序，因此以文件化的形式，把对于在项目生命周期内的工作任务范围、各项工作的任务分解、项目团队组织结构、各团队成员的工作责任、团队内外沟通协作方式、开发进度、经费预算、项目内外环境条件、风险对策等内容做出的安排以书面的方式，作为项目团队成员以及项目干系人之间的共识与约定，项目生命周期内的所有项目活动的行动基础，项目团队开展和检查项目工作的依据。

常见的问题：把项目本身的"项目目标"误作编制项目开发计划的目的。

② 背景

主要说明项目的来历，一些需要项目团队成员知道的相关情况。主要有以下内容：

项目的名称：经过与客户商定或经过立项手续统一确定的项目名称，一般与所待开发的软件系统名称有较大的关系，如针对"××系统"开发的项目名称是"××系统开发"。

项目的委托单位：如果是根据合同进行的软件开发项目，项目的委托单位就是合同中的甲方；如果是自行研发的软件产品，项目的委托单位就是本企业。

项目的用户（单位）：软件或网络的使用单位，可以泛指某个用户群。注意项目的用户或单位有时与项目的委托单位是同一个，有时是不一样的。如海关的报关软件、税务的报税软件，委托单位是海关或税务机关，但使用的用户或单位不仅有海关或税务机关，还包括需要报关、报税的企业单位。

项目的任务提出者：本企业内部提出需要完成此项目的人员，一般是领导或商务人员；注意项目的任务提出者一般不同于项目的委托单位，前者一般是企业内部的人员。如果是内部开发项目，则两者的区别在于前者指人，后者指单位。

项目的主要承担部门：有些企业根据行业方向或工作性质的不同把软件开发分成不同的部门（也有的分为不同事业部）。项目的特点就是其矩阵式组织，一般一个项目的项目成员可能由不同的部门组成，甚至可能由研发部门、开发部门、测试部门、集成部门、服务部门等其中几个组成。需要根据项目所涉及的范围确定本项目的主要承担部门。

项目建设背景：从政治环境上、业务环境上说明项目建设背景，说明项目的大环境、来龙去脉。这有利于项目成员更好地理解项目目标和各项任务。

软件系统与其他系统的关系：说明与本系统有关的其他系统，说明它们之间的相互依赖关系。这些系统可以是这个系统的基础性系统（一些数据、环境等必须依靠这个系统才能运行），也可以是以这个系统为基础的系统，或者是两者兼而有之的关系、互相依赖的系统。例句：本系统中对外部办公部分如需要各个建设单位报送材料的子系统应当挂在市政府网站。

软件系统与机构的关系：说明软件系统除了委托单位和使用单位，还与哪些机构组织有关系。例如一些系统需要遵守哪些组织的标准、需要通过哪些组织机构的测试才能使用等等、是否需要外包或与哪些组织机构合作。

③ 定义

列出为正确理解本计划书所用到的专门术语的定义、外文缩写词的原词及中文解释。注意尽量不要对一些业界使用的通用术语进行另外的定义，使它的含义和通用术语的惯用含义不一致。

④ 参考资料

列出本计划书中所引用的及相关的文件资料和标准的作者、标题、编号、发表日期和出版单位，必要时说明得到这些文件资料和标准的途径。本节与下一节的"标准、条约和约定"互为补充，注意"参考资料"未必作为"标准、条约和约定"，因为"参考"的不一定是"必须遵守"的。常用资料如：

本项目的合同、标书、上级机关有关通知、经过审批的项目任务书；

属于本项目的其他已经发表的文件；

本文档中各处引用的文件、资料，包括所要用到的软件开发标准。

⑤ 标准、条约和约定

列出在本项目开发过程中必须遵守的标准、条约和约定。例如：相应的《立项建议书》、《项目任务书》、合同、国家标准、行业标准、上级机关有关通知和实施方案、相应的技术规范等。

2　项目概述

① 项目目标

设定项目目标就是把项目要完成的工作用清晰的语言描述出来，让项目团队每一个成员都有明确的概念。注意，不要简单地说成在什么时间完成开发什么软件系统或完成什么软件安装集成任务。注意"要完成一个系统"只是一个模糊的目标，它还不够具体和明确。明确的项目目标应该指出了服务对象，所开发软件系统最主要的功能和系统本身的比较深层次的社会目的或系统使用后所起到的社会效果。

项目目标可以进行横向的分解也可以进行纵向的分解。横向分解一般按照系统的功能或按照建设单位的不同业务要求，如分解为第一目标、第二目标等；纵向的分解一般是指按照阶段，如分解为第一阶段目标、第二阶段目标等，或近期目标、中期目标、远期目标等。阶段目标一般应当说明目标实现的较为明确的时间。一般要在说明了总目标的基础上说明分解目标。

② 产品目标与范围

根据项目输入(如合同、立项建议书、项目技术方案、标书等)说明此项目要实现的软件系统产品的目的与目标及简要的软件功能需求。对项目成果(软件系统)范围进行准确清晰的界定与说明是软件开发项目活动开展的基础和依据。软件系统产品目标应当从用户的角度说明开发这一软件系统是为了解决用户的那些问题。产品目标如"提高工作信息报送反馈工作效率，更好地进行工作信息报送的检查监督，提高信息的及时性、汇总统计信息的准确性，减轻各级相关工作人员的劳动强度。"

③ 假设与约束

对于项目必须遵守的各种约束(时间、人员、预算、设备等)进行说明。这些内容将限制实现什么、怎样实现、什么时候实现、成本范围等种种制约条件。

假设是通过努力可以直接解决的问题，而这些问题是一定要解决才能保证项目按计划完成。如："系统分析员必须在 3 天内到位"或"用户必须在 8 月 8 日前确定对需求文档进行确认"。

约束一般是难以解决的问题，但可以通过其他途径回避或弥补、取舍，如人力资源的约束限制，就必须牺牲进度或质量等。

假设与约束是针对比较明确会出现的情况，如果问题的出现具有不确定性，则应该在风险分析中列出，分析其出现的可能性(概率)、造成的影响、应当采取的相应措施。

④ 项目工作范围

说明为实现项目的目标需要进行哪些工作。在必要时，可描述与合作单位和用户的工作分工。

注意产品范围与项目工作范围的不同含义。

产品范围界定：软件系统产品本身范围的特征和功能范围。

工作范围界定：为了能够按时保质交付一个有特殊的特征和功能的软件系统产品所要完成的哪些工作任务。

产品范围的完成情况是参照客户的需求来衡量的，而项目范围的完成情况则是参照计划来检验的。这两个范围管理模型间必须要有较好的统一性，以确保项目的具体工作成果，能按特定的产品要求准时交付。

⑤ 应交付成果

a. 需完成的软件

列出需要完成的程序的名称、所用的编程语言及存储程序的媒体形式。其中软件对象可能包括：源程序、数据库对象创建语句、可执行程序、支撑系统的数据库数据、配置文件、第三方模块、界面文件、界面原稿文件、声音文件、安装软件、安装软件源程序文件等。

b. 需提交用户的文档

列出需要移交给用户的每种文档的名称、内容要点及存储形式，如需求规格说明书、帮助手册等。此处需要移交用户的文档可参考合同中的规定。

c. 须提交内部的文档

可根据《GB8567—88 计算机软件产品开发文件编制指南》附录："文件编制实施规定的实例(参考件)"结合各企业实际情况调整制定《软件开发文档编制裁减衡量因素表》。根据《因素表》确定项目对应的项目衡量因素取值，以确定本项目应完成的阶段成果。将不适用于本项目的内容裁减，以减少不必要的项目任务和资源。

根据因素取值列出本项目应完成的阶段成果，说明本项目取值所在的区间，将其他因素值区间删除。

d. 应当提供的服务

根据合同或某重点建设工作需要，列出将向用户或委托单位提供的各种服务，例如培训、安装、维护和运行支持等。具体的工作计划如需要编制现场安装作业指导书、培训计划等。

⑥ 项目开发环境

说明开发本软件项目所需要的软硬件环境和版本、如操作系统、开发工具、数据库系统、配置管理工具、网络环境。环境可能不止一种，如开发工具可能需要针对 Java 的，也需要针对 C++的。有些环境可能无法确定，需要在需求分析完成或设计完成后才能确定所需要的环境。

⑦ 项目验收方式与依据

说明项目内部验收和用户验收的方式，如验收包括交付前验收、交付后验收、试运行(初步)验收、最终验收、第三方验收、专家参与验收等等。项目验收依据主要有标书、合同、相关标准、项目文档(最主要是需求规格说明书)。

3　项目团队组织

① 组织结构

说明项目团队的组织结构。项目的组织结构可以从所需角色和项目成员两个方面描述。所需角色主要说明为了完成本项目任务，项目团队需要哪些角色构成，如项目经理、计划经理、系统分析员(或小组)、构架设计师、设计组、程序组、测试组等等。组织结构可以用图形来表示，可以采用树形图，也可以采用矩阵式图形，同时说明团队成员来自于哪个部门。除了图形外，可以用文字简要说明各个角色应有的技术水平。

注意虽然有一些通用的结构可以套用，但各种不同规模、不同形式的项目组织结构是不一样的。如产品研发项目可能就不需要实施人员(小组)，但需要知识转移方面的人员(小组)。而软件编码外包的项目则不需要程序员，测试人员也可以适当地减少。

② 人员分工

确定项目团队的每个成员属于组织结构中的什么角色，他们的技术水平、项目中的分工与配置，可以用列表方式说明，具体编制时按照项目实际组织结构编写。以下是一个示例。

表4-1　人员分工

姓名	技术水平	分工	工作描述
		项目管理、前期分析、设计	分析系统需求、项目计划、羡慕团队管理、检查进度
		分析、设计、编码	分析新功能、软件框架扩展、代码模块分配、数据库设计说明说
		分析、设计	数据交换、安装程序、安装手册
		设计、编码	数据加载分析
		设计	项目后期总体负责、加载程序编写
		设计、编码	数码相机照片读取剪切模块设计
		测试	对软件进行测测试、软件测试文档
		文档编写、测试	用户操作手册

③ 协作与沟通

项目的沟通与协作首先应当确定协作与沟通的对象，就是与谁协作、沟通。沟通对象应该包括所有项目干系人，而项目干系人包括了所有项目团队成员、项目接口人员、项目团队外部相关人员等等。

其次应当确定协作模式与沟通方式。沟通方式如会议、使用电话、QQ、内部邮件、外部邮件、QuickPlace、聊天室等。其中邮件沟通应当说明主送人、抄送人，聊天室沟通方式应当约定时间周期。而协作模式主要说明在出现什么状况的时候各个角色应当(主动)采取什么措施，包括沟通，如何互相配合来共同完成某项任务。定期的沟通一般要包括项目阶段报告、项目阶段计划、阶段会议等。

A. 内部协作

本节说明在项目开发过程中项目团队内部的协作模式和沟通方式、频次、沟通成果记录办法等内容。

B. 接口人员

应当说明接口工作的人员即他们的职责、联系方式、沟通方式、协作模式，包括：

a. 负责本项目同用户的接口人员；

b. 负责本项目同本企业各管理机构，如计划管理部门、合同管理部门、采购部门、质量管理部门、财务部门等的接口人员；

c. 负责本项目同分包方的接口人员。

C. 外部沟通

项目团队外部包括企业内部管理协助部门、项目委托单位、客户等等。本节说明在项目开发过程中项目团队内部与接口人员、客户沟通的方式、频次、沟通成果记录办法等内容。明确最终用户、直接用户及其所在本企业/部门名称和联系电话。明确协作开发的有关部门的名称、经理姓名、承担的工作内容以及工作实施责任人的姓名、联系电话。确定有关的合作单位的名称、负责人姓名、承担的工作内容以及实施人的姓名、联系电话。

4　实施计划

① 风险评估及对策

识别或预估项目进行过程中可能出现的风险。应该分析风险出现的可能性(概率)、造成的影响、根据影响应该采取的对策、采取的措施。风险识别包括识别内在风险及外在风险。内在风险是指项目工作组能加以控制和影响的风险，如人事任免和成本估计等。外在风险指超出项目工作组等控制力和影响力之外的风险，如市场转向或政府行为等。

风险的对策包括：避免：排除特定危胁往往靠排除危险起源；减缓：减少风险事件的预期资金投入来减低风险发生的概率，以及减少风险事件的风险系数；吸纳：接受一切后果，可以是积极的(如制定预防性计划来防备风险事件的发生)，也可以是消极的(如某些费用超支则接受低于预期的利润)。

对于软件开发项目而言，在分析、识别和管理风险上投入足够的时间和人力可以使项目进展过程更加平稳，提高项目跟踪和控制的能力，由于在问题发生之前已经做了周密计划，因而对项目的成功产生更加充分的信心。

软件开发项目常见预估的风险：

1) 工程/规模/进度上的风险

规模大，规模估算不精确甚至误差很大；就规模而言，用户要求交付期、费用很紧；预料外的工作(测试未完时的现场对应等)；

2) 技术上的风险

使用新的开发技术、新设备等，或是新的应用组合，没有经验；是新的行业或业务，没有经验；性能上的要求很严；

3) 用户体制上的问题

用户管理不严，恐怕功能决定、验收不能顺利地完成(或者出现了延迟)；或者恐怕功能会多次变更；与用户分担开发，恐怕工程会拖延(或者出现了延迟)；用户或其他相关单位承担的工作有可能延误；

4) 其它：应该包含此处没有、但据推测有风险的项目。

② 工作流程

说明项目采用什么样的工作流程进行。如瀑布法工作流程，原型法工作流程、螺旋型工作流程、迭代法工作流程，也可以是自己创建的工作流程。不同的流程将影响后面的工作计划的制定。必要时画出本项目采用的工作流程图及适当的文字说明。

③ 总体进度计划

这里所说的总体进度计划为高层计划。作为补充，应当分阶段制定项目的阶段计划，这些阶段计划不在这份文档中，当要以这份总体计划为依据。

总体进度计划要依据确定的项目规模，列表项目阶段划分、阶段进度安排及每阶段应提交的阶段成果，在阶段时间安排中要考虑项目阶段成果完成、提交评审、修改的时间。

对于项目计划、项目准备、需求调研、需求分析、构架设计或概要设计、编码实现、测试、移交、内部培训、用户培训、安装部署、试运行、验收等工作，给出每项工作任务的预定开始日期、完成日期及所需的资源，规定各项工作任务完成的先后顺序以及表征每项工作任务完成的标志性事件。

表 4-2　总体进度计划

起止时间点	负责人及所需资源	完成工作	应提交成果	检查点/里程碑

制定软件项目进度计划可以使用一些专门的工具，最常用的是 Microsoft 的 Project 作为辅助工具，功能比较强大，比较适合于规模较大的项目，但无法完全代替项目计划书，特别是一些主要由文字来说明的部分。小规模的项目可简便地使用 EXCEL 作为辅助工具。关于如何使用这些工具不在此做详细说明。

制定软件项目进度计划应当考虑以下一些因素：

1) 对于系统需求和项目目标的掌握程度。如开始时对于系统需求和项目目标只有比较熟的了解，才能制定出比较粗的进度计划，等到需求阶段或设计阶段结束，就应该进一步细化进度计划。

2) 软件系统规模和项目规模，这两个不是一个概念。软件系统规模往往是从功能点的估算或其他估算方式得来的，而项目规模还要考虑对文档数量与质量的要求，使用的开发工具、新技术、多少复用、沟通的方便程度、客户方的情况、需要遵守的标准规范，等等。例如，完成一个大型的系统，在一定的时间内一个人或几个人的智力和体力是承受不了的。由于软件是逻辑、智力产品，盲目增加软件开发人员并不能成比例地提高软件开发能力。相反，随着人员数量的增加，人员的组织、协调、通信、培训和管理方面的问题将更为严重。

3) 软件系统复杂程度和项目复杂程度：和软件系统规模和项目规模一样，软件系统的复杂程度主要是考虑软件系统本身的功能、架构的复杂程度，而项目的复杂程度主要是指项目团队成员的构成、项目任务的复杂程度、项目干系人的复杂程度、需求调研的难易程度，多项目情况下资源保障的情况，等等。软件系统的规模与软件系统的复杂程度未必是成比例的关系；同样项目的规模与项目的复杂程度未必是成比例的关系。

4）项目的工期要求，就是项目的紧急程度。有些项目规模大，却因为与顾客签订了合同，或者为了抢先占领市场，工期压缩得很紧，这时就要考虑如何更好地合理安排进度，多增加人选多采用加班的方式是一种万不得已的选择。增加人选除了增加人的成本外必定会增加沟通的成本；加班如果处理不好会造成情绪上的问题，也可能会因为过于忙碌而无法顾及质量，造成质量的下滑。

5）项目成员的能力。这些能力包括项目经理的管理能力，系统分析员的分析能力、系统设计人员的设计能力、程序员的编码能力、测试人员的测试能力，以及企业或项目团队激发出这些能力的能力。从另外一个角度看还有总体上对客户行业业务的熟悉程度；对于建模工具、开发工具、测试工具等技术的掌握程度；企业内部对行业业务知识和主要技术的知识积累。

④ 项目监控

ⓐ 质量控制计划

执行质量评审活动，对过程质量进行控制。规模较大的项目应当单独编写《软件开发项目质量计划》。根据GB/T 12504 计算机软件质量保证计划规范，内容包括：

- 引言（本章节包括质量计划的目的、定义、参考资料）
- 管理（描述负责软件质量管理的机构、任务及其相关的职责）
- 文档（列出在该软件的开发、验证与确认以及使用与维护等阶段中需要编制的文档，并描述对文档进行评审与检查的准则）
- 标准、条例和约定（列出软件开发过程中要用到的标准、条例和约定，并列出监督和保证执行的措施）
- 评审和检查（规定所要进行的技术和管理两个方面的评审和检查工作，并编制或引用有关的评审和检查规程，以及通过与否的技术准则。至少要进行软件需求评审、概要设计评审、软件验证与确认评审、软件系统功能检查、程序和文档物理检查）
- 软件配置管理（编制有关配置管理条款，或在“4.4.4 配置管理计划”中说明，或引用按照《GB/T 12505 计算机软件配置管理计划规范》单独制定的文档）
- 工具、技术和方法（指明用于支持特定软件项目质量管理工作的工具、技术和方法，指出它们的目的和用途）
- 媒体控制（说明保护计算机程序物理媒体的方法和设施，以免非法存取、意外损坏或自然老化）
- 对供货单位的控制（供货单位包括项目承办单位、软件销售单位、软件开发单位。规定对这些供货单位进行控制的规程，从而保证项目承办单位从软件销售单位购买的、其他开发单位开发的或从开发单位现存软件库中选用的软件能满足规定的需求。）
- 记录的收集、维护和保存（指明需要保存的软件质量保证活动的记录，并指出用于汇总、保护和维护这些记录的方法和设施，并指明要保存的期限）

ⓑ 进度控制计划

本项目的进度监控执行本企业《项目管理规范》，由本企业过程控制部门如质量管理部统一进行监控，并保留在监控过程中产生的日常检查记录。

ⓒ 预算监控计划

说明如何检查项目预算的使用情况，根据项目情况需要制定。

ⓓ 配置管理计划

编制有关软件配置管理的条款，或引用按照 GB/T 12505 单独制订《配置管理计划》文档。在这些条款或文档中，必须规定用于标识软件产品、控制和实现软件的修改、记录和报告修改实现的状态以及评审和检查配置管理工作等四方面的活动。还必须规定用以维护和存储软件受控版本的方法和设施；必须规定对所发现的软件问题进行报告、追踪和解决的步骤，并指出实现报告、追踪和解决软件问题的机构及其职责。

根据《GB/T 12505 计算机软件配置管理计划规范》，软件配置管理计划内容如下：

- 引言（本章节包括质量计划的目的、定义、参考资料）
- 管理（描述负责软件配置管理的机构、任务、职责及其有关的接口控制。）
- 软件配置管理活动（描述配置标识、配置控制、配置状态记录与报告以及配置检查与评审等到四方面的软件配置管理活动的需求。）
- 工具、技术和方法（指明为支持特定项目的软件配置管理所使用的软件工具、技术和方法，指明它们的目的，并在开发者所有权的范围内描述其用法）
- 对供货单位的控制（供货单位是指软件销售单位、软件开发单位或软件子开发单位。必须规定对这些供货单位进行控制的管理规程，从而使从软件销售单位购买的、其他开发单位开发的或从开发单位现存软件库中选用的软件能满足规定的软件配置管理需求）

记录的收集、维护和保存（指明要保存的软件配置管理文档，指明用于汇总、保护和维护这些文档的方法和设施，并指明要保存的期限）

5　支持条件

说明为了支持本项目的完成所需要的各种条件和设施。

① 内部支持

逐项列出项目每阶段的支持需求（含人员、设备、软件、培训等）及其时间要求和用途。

例如，设备、软件支持包括客户机、服务器、网络环境、外设、通讯设备、开发工具、操作系统、数据库管理系统、测试环境，逐项列出有关到货日期、使用时间的要求。

② 客户支持

列出对项目而言需由客户承担的工作、完成期限和验收标准，包括需由客户提供的条件及提供时间。

③ 外包（可选）

列出需由外单位分合同承包者承担的工作、完成时间，包括需要由外单位提供的条件和提供的时间。

6　预算

① 人员成本

列出产品/项目团队每一个人的预计工作月数

列出完成本项目所需要的劳务（包括人员的数量和时间）

劳务费一般包括工资、奖金、补贴、住房基金、退休养老金、医疗保险金

② 设备成本

设备成本包括：原材料费，设备购置及使用费

列出拟购置的设备及其配置和所需的经费

列出拟购置的软件及其版本和所需的经费

使用的现有设备及其使用时间

③ 其它经费预算

列出完成本项目所需要的各项经费，包括差旅费、资料费、通行费、会议费、交通费、办公费、培训费、外包费等，包括：

(1) 差旅费(含补贴)

(2) 资料费(图书费、资料费、复印费、出版费)

(3) 通信费(市话长话费、移动通信费、上网费、邮资)

(4) 会议费(鉴定费、评审会、研讨费、外事费等)

(5) 办公费(购买办公用品)

(6) 协作费(业务协作招待费、项目团队加班伙食费)

(7) 培训费(培训资料编写费、资料印刷费、产地费、设备费)

(8) 其他费用(检测、外加工费、维修费、消耗品、低易品、茶话会等)

7 关键问题

逐项列出能够影响整个项目成败的关键问题、技术难点和风险。指出这些问题对项目的影响。

8 专题计划要点

说明本项目开发中需制订的各个专题计划(如合同计划、开发人员培训计划、测试计划、安全保密计划、质量保证计划、配置管理计划、用户培训计划、系统安装计划等)的要点。

4.2 任务分派书模板

4.2.1 模板

表 4-3 任务分派书模板

<table>
<tr><td colspan="5">任务分派书</td></tr>
<tr><td rowspan="3">被分派人</td><td>部门</td><td></td><td>分派人</td><td></td></tr>
<tr><td>姓名</td><td></td><td>分派日期</td><td></td></tr>
<tr><td>有效期</td><td></td><td>参与人</td><td></td></tr>
<tr><td>任务编号</td><td colspan="2"></td><td>任务名称</td><td></td></tr>
<tr><td colspan="5">任务内容</td></tr>
<tr><td colspan="5"></td></tr>
</table>

（续表）

任务输入			
任务输出			
检核点			
检核点			
版权：×××公司	版本：×.×	制表人：×××	制表日期：YYYY—MM—DD

4.2.2　模板说明

1. “被分派人”描述接收任务的人的信息，包括所属部门、姓名(工号)、任务分派的有效期，其中任务分派的有效期表示该任务执行的起止时间，结束时间必须在有效期内。

2. “分派人”指分派任务的人的姓名(工号)。

3. “分派日期”指分派任务的时间。

4. “参与人”指该任务的参与成员信息，信息包括姓名(工号)，若有多个参与人，则用逗号隔开。

5. “任务编号”是该任务的标识，在整个项目中任务编号具有唯一性。

6. “任务名称”指该任务的名称，选取名称应简明扼要地描述该任务的目标。

7. “任务内容”描述该任务具体的目标，建议用什么方案做或应采取什么技术特性，任务的步骤是什么，涉及到协作方面，有什么注意事项，最后应取得的效果(结果)。

8. “任务输入”向任务执行人指明执行该任务的前提是什么，需要什么样的资料/信息才能开始该任务的执行。

9. “任务输出”向任务执行人指明该任务执行结束后，应该产生什么样的结果(应达成的目标)。

10. “检核点”表明了任务跟踪的标准，描述在任务执行过程中或结束时，什么时间、如何去检查该任务执行的效果。检核点可以设置多个，在任务执行过程中或者结束时都可以设置检核点。

第5章 附录

附录1 软件行业岗位实训报告模板

表5-1 软件行业岗位实训报告

（封面）

<table>
<tr><td>课程名称</td><td colspan="3"></td><td>最终成绩</td><td colspan="2"></td></tr>
<tr><td>教学部门</td><td colspan="3"></td><td>指导教师</td><td colspan="2"></td></tr>
<tr><td>学期</td><td colspan="3"></td><td>起止日期</td><td colspan="2"></td></tr>
<tr><td>专业</td><td colspan="3"></td><td>年级</td><td colspan="2"></td></tr>
<tr><td>姓名</td><td colspan="3"></td><td>学号</td><td colspan="2"></td></tr>
<tr><td>项目名称</td><td colspan="3"></td><td>实训地点</td><td colspan="2"></td></tr>
<tr><td>同组成员</td><td>组长</td><td colspan="2"></td><td>成员</td><td colspan="2"></td></tr>
<tr><td>本人
承担角色</td><td colspan="6">□程序员□配置管理员□品质保障员□需求分析师
□架构设计师□软件设计师□软件测试师□程序员</td></tr>
<tr><td rowspan="10">目标达成与评价</td><td colspan="3">实训目标达成情况简述</td><td>评分</td><td colspan="2">综合评分</td></tr>
<tr><td rowspan="3">自我评价</td><td colspan="2">知识与能力(任务完成情况)</td><td></td><td colspan="2" rowspan="3"></td></tr>
<tr><td colspan="2">职业素质(任务执行状况)</td><td></td></tr>
<tr><td colspan="2">总结汇报与归档</td><td></td></tr>
<tr><td rowspan="3">小组长评价</td><td colspan="2">知识与能力(任务完成情况)</td><td></td><td colspan="2" rowspan="3"></td></tr>
<tr><td colspan="2">职业素质(任务执行状况)</td><td></td></tr>
<tr><td colspan="2">总结汇报与归档</td><td></td></tr>
<tr><td rowspan="3">指导教师评价</td><td colspan="2">知识与能力(任务完成情况)</td><td></td><td colspan="2" rowspan="3"></td></tr>
<tr><td colspan="2">职业素质(任务执行状况)</td><td></td></tr>
<tr><td colspan="2">总结汇报与归档</td><td></td></tr>
</table>

实训报告内容

1. 实训名称

此处给出本次实训的全名

2. 实训任务场景

对本次实训的场景进行简单描述

3. 实训目标任务

给出本次实训的目标，按知识与能力目标、素质目标进行阐述，给出本次实训的目标和主要任务

4. 实训环境介绍

给出本次实训所需要的软、硬件条件，实训所需的团队环境

6. 实训实施步骤

给出本次实训的主要实施步骤

7. 实训小结

给出本次实训所遇到问题及解决方法、实训学习感想、对实训教学改进建议，汇报方式；介绍本次实训参考，包括给出实施步骤参考、实施文档参考、实施案例参考、实训报告参考，参考文献及参考网络学习资源等；

8. 附件清单

给出本次实训所产生的各类成果、附件清单，以及《实训报告》

附录 2　项目计划书模板

项目计划书

Project Development Plan

编号：TMP—PDP

版本：1.0

作者：		日期：	
审批：		日期：	

变更记录

日期	版本	变更说明	作者
	1.0	创建	

4.1.1　模板

根据《GB8567—88 计算机软件产品开发文件编制指南》中项目开发计划的要求，结合实际情况调整后的《项目计划书》内容索引如下：

1　引言

① 编写目的

② 背景

③ 定义

④ 参考资料

⑤ 标准、条约和约定

2　项目概述

① 项目目标

② 产品目标与范围

③ 假设与约束

④ 项目工作范围

⑤ 应交付成果

⑥ 需完成的软件

⑦ 需提交用户的文档

⑧ 须提交内部的文档

⑨ 应当提供的服务

⑩ 项目开发环境

⑪ 项目验收方式与依据
3　项目团队组织
① 组织结构
② 人员分工
③ 协作与沟通
(1) 内部协作
(2) 接口人员
(3) 外部沟通
4　实施计划
① 风险评估及对策
② 工作流程
③ 总体进度计划
④ 项目监控
a. 质量控制计划
b. 进度监控计划
c. 预算监控计划
d. 配置管理计划
5　支持条件
① 内部支持(可选)
② 客户支持(对项目而言)
③ 外包(可选)
6　预算(可选)
① 人员成本
② 设备成本
③ 其它经费预算
④ 项目合计经费预算
7　关键问题
8　专题计划要点

1. 项目总览

1.1　基本信息

项目名称		项目编号	
客户名称		客户经理	
项目经理		质量保证员	

（续表）

开发经理		配置管理员	
工作量估算			
项目开始日期		项目结束日期	

1.2 项目主要联系人

	姓名	电话号码	传真号码	E—Mail
客户				
项目经理				

1.3 假设和约束

开发环境：宿舍/公用教室
测试环境：宿舍/公用教室
工具的可获得性：各自的电脑
环境的可获得性：双休日的公用教室

1.4 里程碑提交产品

描述本项目按计划有哪些里程碑，对应的里程碑产品是什么，什么时候提交，由谁负责。

里程碑	提交产品	时间	负责人
计划	软件开发计划		
	软件测试计划		
	配置管理计划		
需求	用例规约		
设计	详细设计		
	数据库设计		
	测试用例		
实现	编码		
	单元测试报告(可选)		
测试	测试报告		
	项目总结		

1.5　发布提交产品

2. 项目计划

2.1　项目生命周期

第一阶段　交易前的准备
第二阶段　交易谈判和签订贸易合同
第三阶段　办理交易进行前的手续
第四阶段　交易合同的履行和索赔

2.2　WBS表

描述本项目的WBS及估算的工作量，如果使用Project工具自动生成WBS，则此处可参见Project文档，并且该Project文档必须作为本文档的附件。WBS的分级，第一级为里程碑，最后一级为分配到具体一个人的任务，要求WBS的分级数目≥2，≤6，要求每个末级WBS任务的计划工期≤3天。

WBS模板如下：

编号	任务名称	任务描述	工作量(天)	负责人

2.3　规模估算

1. 电子商务特点：

① 普遍性　② 方便性　③ 整体性　④ 安全性　⑤ 协调性

2. 软件功能：

① 广告宣传　② 咨询洽谈　③ 网上订购　④ 网上支付　⑤ 电子账户　⑥ 服务传递　⑦ 意见征询　⑧ 交易管理

2.4　工作量估算

阶段	工作量	比例
需求分析		
设计		
编码		
测试		
项目总结和交付		
总计		

2.5　成本估算

电子商务技术成本预算表

模块名称	成本预算
软件部分	
网站建设	¥18000.00
品牌文化 B2C 商城美工建设	¥5000.00
产品展示模块	¥1000.00
系统购物车模块	¥1000.00
产品搜索引擎	¥1000.00
商城注册管理系统	¥500.00
客户会员管理中心	¥1500.00
客户评价系统	¥1000.00
商城支付系统	¥3000.00
活动展示管理系统	¥1000.00
SNS 社区	¥3000.00
网站后台建设	¥20000.00
产品管理系统	¥1000.00
活动管理系统	¥1000.00
产品广告管理系统	¥1000.00
订单管理系统	¥2000.00
退货管理系统	¥2000.00
系统会员管理系统	¥1000.00

（续表）

模块名称	成本预算
页面模版管理	￥2000.00
留言管理系统	￥1000.00
物流管理系统	￥1000.00
邮件系统	￥1000.00
权限管理系统	￥2000.00
SNS 社区管理系统	￥5000.00
应用支撑系统	￥39000.00
单点登录	￥2000.00
报表系统(第三方报表工具)	￥10000.00
数据备份管理系统	￥5000.00
系统监督管理系统	￥5000.00
订单跟踪管理系统	￥2000.00
决策支撑管理系统	￥15000.00
市场机会管理系统	￥5000.00
客户服务管理系统	￥5000.00
基础框架建设	￥53000.00
工作流引擎建设	￥20000.00
数据库访问中间件定义	￥5000.00
安全数据证书	￥5000.00
短信服务	￥2000.00
日志系统	￥3000.00
站内引擎	￥5000.00
数据接入引擎	￥3000.00
数据采集引擎	￥10000.00
数据服务层建设	￥85000.00
客户数据设计	￥5000.00
电子商务数据设计	￥5000.00
订单数据设计	￥5000.00

（续表）

模块名称	成本预算
物流数据设计	￥5000.00
营销数据集市	￥25000.00
销售数据集市	￥25000.00
客户行为数据集市	￥25000.00
小计	￥215000.00

2.6 进度安排

如果使用 Microsoft Project 工具进行的进度安排，可以在此处拷贝 Microsoft Project 甘特图或参见 Project 的甘特图，但是该 Project 文档必须作为本文档的附件。

WBS 分解的要求参见附录 2.2。

2.7 关键计算机资源估算

处理器：Intel(R) Pentium(R) Dual CPU E2180 @ 2.00GHz

主板：华硕（ASUS）TX97—LE

显卡：GeForce MX400

2.8 项目评审

描述按计划需要评审的工作产品，以及采用的评审方式和参加评审的人员。评审方式是同行评审，评审过程参见《软件项目评审过程》。

工作产品	评审方式	评审参与人员	评审材料发放时间(提前 X 天)
软件开发计划			
配置管理计划			
工作产品	评审方式	评审参与人员	评审材料发放时间(提前 X 天)
软件测试计划			
用例规约			
详细设计			
测试用例			
代码			
测试报告			

2.9　开发环境

硬件:处理器:Intel(R) Pentium(R) Dual CPU E2180 @ 2.00GHz
主板:华硕(ASUS)TX97—LE
显卡:GeForce MX400
声卡:SoundMAX Integrated Digital HD Audio
内存:1G　　硬盘:50G/5400rps
鼠标、键盘:雷柏8130键鼠套装显示器:三星
软件:数据库:Microsoft SQL server 2008 ,VS 2010
操作系统: Microsoft Windows XP
开发语言:采用C#作为开发语言

2.10　风险评估和控制

风险分析:
客户风险,指由于客户成熟度不够而产生的风险
过程风险,指由于项目组成员对开发过程不熟悉而产生的风险
能力风险,指由于项目组成员不具备项目需要的能力而产生的风险
成本风险,指由于项目成本过高而产生的风险
人力资源风险,指由于人员不足而产生的风险
设备资源风险,指由于开发设备不足而产生的风险
技术风险,指由于采用项目组成员不熟悉的技术而产生的风险
质量风险,指由于用户要求的质量过高而产生的风险
时间风险,指由于开发时间过紧而产生的风险
需求风险,指由于需求调研不充分而产生的风险

对策:一旦产生需求变更,按照公司的变更流程进行处理。整个项目周期内与客户充分沟通,积极协调客户确认需求。提前投入开发人员对已经通过评审的设计开始编码。系统设计一定要尽量完善,加强项目组成员之间的沟通。及时把握项目进度。进行针对性培训。加强培训,尽量完善用户手册。

2.11　组间协调计划

表5-2　组间协调计划

协调小组/人	协调方式	协调内容	如发生问题时如何处理	频率/时间
组长、程序员	电话/电子邮件	项目开发的方向	及时沟通	一周
组长、文档	不定期	细节问题	时常联系	一周

（续表）

协调小组/人	协调方式	协调内容	如发生问题时如何处理	频率/时间
组长、测试员	不定期	测试分析报告	及时调整	一周
程序员、测试员	不定期	后期制作	交流改进	一周

2.12 培训计划

培训目的：为了更好的完成项目的开发
培训地点：公用教室
培训材料：相关的资料及视频
主讲人：李老师
培训效果：暂不明显

表 5-3　培训计划

培训内容	时间	参加者
程序系统框架底层分析	一周	程序员
项目模块化开发过程	一周	程序员
单元测试及软件整体测试	一周	程序员

3　项目组成

根据本项目的情况列出项目中所有参与人员及所担当的角色

表 5-4　角色划分

角色	责任承担人
项目总监	高孟
项目经理	高孟
开发经理	高孟
SCCB	高孟
测试负责人	王蔚
测试工程师	王蔚
软件工程师	徐含博
SCM 管理员	李静
DBA	李静

4　问题跟踪

项目经理对项目中发现的人力资源变动、技术难点、计算机资源和外部环境影响等问题进行跟踪。跟踪记录反映在《项目问题跟踪表》中。

客户反馈问题在《客户反馈问题记录及跟踪表》中进行记录和跟踪。

需求变更另有需求变更流程，不列入问题跟踪。

附录3　系统操作手册

系统操作手册

案卷号	
日期	

<项目名称>

操　作　手　册

作　　者：________________

完成日期：________________

签 收 人：________________

签收日期：________________

修改情况记录：

版本号	修改批准人	修改人	安装日期	签收人

目　录

1　引言

1.1　编写目的

说明编写这份操作手册的目的，指出预期的读者范围。

1.2　背景

说明：

a. 这份操作手册所描述的软件系统的名称；

b. 列出本项目的任务提出者、开发者、用户（或首批用户）以及安装该软件的单位。

1.3　定义

列出本文件中用到的专门术语的定义和缩写词的原词组。

1.4　参考资料

列出要用到的参考资料，如：

a. 本项目的经核准的计划任务书或合同、上级机关的批文；

b. 属于本项目的其他已发表的文件；

c. 本文件中各处引用的文件、资料，包括所要用到的软件开发标准。

列出这些文件的标题、文件编号、发表日期和出版单位，说明能够得到这些文件资料的来源。

2　软件概述

2.1　软件的结构

结合软件系统所具有的功能包括输入、处理和输出提供该软件的总体结构图表。

2.2　程序表

列出本系统内每个程序的标识符、编号和助记名。

2.3　文卷表

列出将由本系统引用、建立或更新的每个永久性文卷，说明它们各自的标识符、编号、助记名、存储媒体和存储要求。

3　安装与初始化

一步一步地说明为使用本软件而需要进行的安装与初始化过程，包括程序的存在形式，安装与初始化过程中的全部操作命令，系统对这些命令的反应与答复，表征安装工作完成的测试实例等。如果有的话，还应说明安装过程中所需用到的专用软件。

4　运行说明

所谓一个运行是指提供一个启动控制信息后，直到计算机系统等待另一个启动控制信息时为止的计算机系统执行的全部过程。

4.1 运行表

列出每种可能的运行，摘要说明每个运行的目的，指出每个运行各自所执行的程序。

4.2 运行步骤

说明从一个运行转向另一个运行以完成整个系统运行的步骤。

4.3 运行1(标识符)说明

把运行1的有关信息，以对操作人员为最方便最有用的形式加以说明。

4.3.1 运行控制

列出为本运行所需要的运行流向控制的说明。

4.3.2 操作信息

给出为操作中心的操作人员和管理所需要的信息，如：

a. 运行目的；

b. 操作要求；

c. 启动方法：如应请启动（由所遇到的请示信息启动）、预定时间启动等；

d. 预计的运行时间和解题时间；

e. 操作命令；

f. 与运行有联系的其他事项。

4.3.3 输入—输出文卷

提供被本运行建立、更新或访问的数据文卷的有关信息，如：

a. 文卷的标识符或标号；

b. 记录媒体；

c. 存留的目录表；

d. 文卷的支配：如确定保留或废弃的准则、是否要分配给其他接受者、占用硬设备的优先级以及保密控制等有关规定。

4.3.4 输出文段

提供本软件输出的每一个用于提示、说明、或应答的文段（包括“菜单”）的有关信息，如：

a. 文段的标识符；

b. 输出媒体（屏幕显示、打印、……）；

c. 文字容量；

d. 分发对象；

e. 保密要求。

4.3.5 输出文段的复制

对由计算机产生，而后需用其他方法复制的那些文段提供有关信息，如：

a. 文段的标识符；

b. 复制的技术手段；

c. 纸张或其他媒体的规格；

d. 装订要求；

e. 分发对象；

f. 复制份数。

4.3.6　恢复过程

说明本运行故障后的恢复过程。

4.4　运行2(标识符)说明

用与手册4.3条近似的方式介绍另一个运行的有关信息。

5　非常规过程

提供有关应急操作或非常规操作必要信息，如出错处理操作、向后备系统的切换操作以及其他必须向程序维护人员交待的事项和步骤。

6　远程操作

如果本软件能够通过远程终端控制运行，则在本章说明通过远程终端运行本软件的操作过程。

附录 4　系统开发卷宗

编号：________________
版本：________________

＜系统名称＞

模块开发卷宗

委托单位：
承办单位：

编写：(签名)________________　　年　月　日
复查：(签名)________________　　年　月　日
批准：(签名)________________　　年　月　日

目录

第1章　模块开发情况

<table>
<tr><td colspan="2">模块名：文档正文请用宋体小四号字</td><td>模块标识符</td></tr>
<tr><td rowspan="2">代码设计</td><td>计划开始日期</td><td>实际开始日期</td></tr>
<tr><td>计划完成日期</td><td>实际完成日期</td></tr>
<tr><td rowspan="2">模块测试</td><td>计划开始日期</td><td>实际开始日期</td></tr>
<tr><td>计划完成日期</td><td>实际完成日期</td></tr>
<tr><td rowspan="2">组装测试</td><td>计划开始日期</td><td>实际开始日期</td></tr>
<tr><td>计划完成日期</td><td>实际完成日期</td></tr>
<tr><td>源代码行</td><td>预计行数</td><td>实际行数</td></tr>
<tr><td>目标模块大小</td><td>预计字节数</td><td>实际字节数</td></tr>
<tr><td colspan="3">代码复查(日期/签字)</td></tr>
<tr><td colspan="3">批准(日期/签字)</td></tr>
</table>

第2章　功能说明

输入	处理	输出

第 3 章　设计说明

3.1　层次说明

模块名	模块标识符
调用模块	
被调用模块	

3.2　算法(N—S 图、PAD 图或 PDL 语言)

3.3　外部数据结构

数据结构名称	关系
	<生成/使用关系>

3.4　出错信息

错误编号	错误名	描述

第 4 章　源代码清单

第 5 章　测试说明

5.1　测试名称 1

测试标识符:编号:

测试目的:

测试配置：

测试用例：

序号	输入	预期输出	实际输出

5.2　测试名称2

……

第6章　复审结论

6.1　与需求说明的比较

6.2　与概要设计的比较

6.3　与详细设计的比较

6.4　一般结论

附录 5　系统用户手册

编号：____________________
版本：____________________

<系统名称>

用户手册

委托单位：
承办单位：

编写：(签名)____________________　　年　月　日
复查：(签名)____________________　　年　月　日
批准：(签名)____________________　　年　月　日

目录

第 1 章　引言

1.1　编写目的

文档正文请用宋体小四(文档正文样式)

1.2　背景

文档正文请用宋体小四(文档正文样式)

1.3　定义

1.4　参考资料

第 2 章　用途

2.1　功能

2.2　性能

2.2.1　精度

2.2.2　时间特性

2.2.3　灵活性

2.3　安全保密

第 3 章　运行环境

3.1　硬件设备

3.2　支持软件

3.3　数据结构

第 4 章　使用过程

4.1　安装与初始化

4.2　输入

4.2.1　输入数据的实现背景

4.2.2　输入格式

4.2.3　输入举例

4.3　输出

4.3.1　输出数据的现实背景

4.3.2 输出格式

4.3.3 输出举例

4.4 文卷查询

4.5 出错处理与恢复

4.6 终端操作

附录 6　项目培训计划书

项目培训计划书

培训目标

[建议描述内容提要：

1. 使关键用户能够理解并熟练掌握标准业务流程的操作；

2. 为后面的系统调研进行充分的交流做好充足的准备；

3. 通过培训，使关键用户能够在贵公司担负起知识转移的任务；]

学员应该参加的课程：

[例：]

培训内容表

角色 / 课程	领导人员	项目经理	财务会计	采购经理/采购计划员	仓库保管员	销售经理/销售业务员	技术部	生产负责人/计划员
	√	√	√	√	√	√		√
	√	*	√	√	√	√		√
			*					
			*					
			*					*
			*					
			*					
				*				
				*	*	√		
						*		
								*
								*

学员应具备的能力

[建议描述内容提要：

1. 计算机基础，比如熟练应用 WIN2000 操作系统，掌握基本的办公软件操作（如 OFFICE），IE 浏览器的熟练应用；

2. 熟悉本单位的业务流程操作；]

培训教师介绍

［建议描述内容提要：

1. 知识结构(学历、专业、接受的培训等)；

2. 工作经历(包括来 XX 公司公司以前的工作经历)；

3. 已经实施过的项目；］

具体安排

［建议描述内容举例：

项目培训计划表］

培训名称				
培训时间				
培训地点				
培训进程表				
日期	时间	培训内容	角色	备注
11 月 7 日	8:30—10:30			
11 月 7 日	10:50—12:00			
11 月 7 日	13:00—16:30		财务人员	
11 月 8 日	8:30—9:30			上机练习
11 月 8 日	9:30—12:00			
11 月 8 日	13:00—16:30			上机练习
11 月 9 日	8:30—12:00			解答问题
11 月 9 日	13:00—16:30			上机练习
11 月 12 日	8:30—12:00			解答问题
11 月 12 日	13:00—16:30			上机练习
11 月 13 日	8:30—10:30			
11 月 13 日	10:30—12:00			上机练习
11 月 13 日	13:00—16:00			解答问题
11 月 14 日	8:30—12:00			解答问题
11 月 14 日	13:00—16:30			
11 月 15 日	全天			演练及上机
11 月 16 日	8:30—12:00			解答问题
11 月 16 日	13:00—16:30			
11 月 19 日	全天			演练及上机

其他要求

对教室和教具的要求

[建议描述内容举例：

1. 配备亮度清晰的投影仪，最好是方形玻面。幕布同投影仪之间应有足够距离，幕布的尺寸能使投影片充分显示，便于后排听课人员看清；

2. 配备安放稳妥的白板或黑板、与投影幕布在讲台两侧对称放置。准备书写流畅的笔和可以擦净板面的板擦；

3. 讲台桌面的长度要能够放下投影仪、教员使用的投影片夹和其他教具；

4. 教师窗帘和灯光布置上既不要影响投影效果，又要照顾看清白板和听课人员记录需要；

5. 无环境噪音干扰（车辆、生产、食堂、风机等）；

6. 配备可固定又可手持的话筒，足够电线长度的接线板，不出噪音的扬声器；

7. 有教桌以便于听课人员记录，有练习用机；

8. 有适合不同听课人数的教室；椭圆会议桌或沙发、舞厅设备不宜用于教室。]

对培训学员的要求

[建议描述内容举例：

1. 培训学员必须严格遵守培训纪律，不得无故迟到、早退、旷课；

2. 学员应提前对所培训内容进行预习，上课时认真做好笔记；

3. 经过学习，受训学员必须能够熟练掌握标准业务在新系统中的处理流程，并能够担当起向其他最终用户进行知识转移的任务；否则应坚持自学，直到考核合格为止。]

××××公司软件有限公司　　　　乙方公司代表：

签字：________________　　签字：________________

日期：________________　　日期：________________

附录 7：代码示例

下面是图书馆管理系统的主要功能及代码：

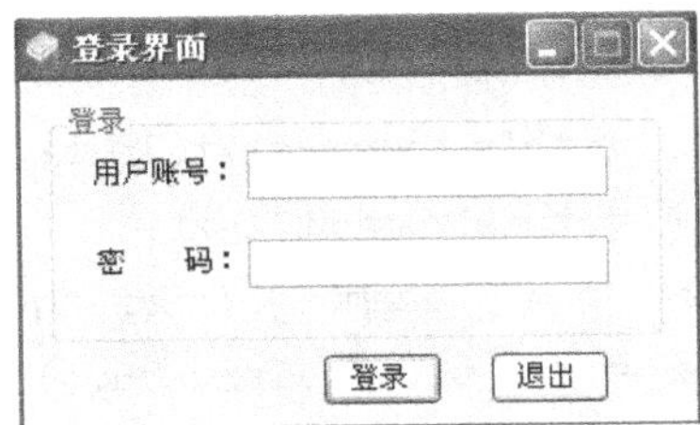

1. 登录界面

主要代码：

```
public partial class LoginForm : Form{
        public static string uacc;
        public static string upsw;
        public static string uname;
        public static string usex;
        public static string upart;
        public static string uright;

        public LoginForm()
        {
            InitializeComponent();
        }

        private void loginbtn_Click(object sender, EventArgs e)
        {
            if (this.useracctxt.Text.Trim() == "" && this.pswtxt.Text == "")
            {
                MessageBox.Show("请输入您的用户名和密码!", "提示!");
                return;
            }
            try
            {
                string sql;
                    sql = "select * from tb_user where uacc ='" + this.useracctxt.Text + "' and upsw='" + this.pswtxt.Text + "'";
```

```
                OleDbDataReader dr = DBHelp.OleReader(sql);
                dr.Read();

                if (dr.HasRows)
                {
                    uacc = this.useracctxt.Text;
                    upsw = this.pswtxt.Text;
                    uname = dr["uname"].ToString();
                    usex = dr["usex"].ToString();
                    upart = dr["upart"].ToString();
                    uright = dr["uright"].ToString();

                    MainForm af = new MainForm(this);
                    this.Hide();
                    this.useracctxt.Clear();
                    this.pswtxt.Clear();
                    af.Show();
                }
                else
                {
                    MessageBox.Show("账号或密码错误!", "提示!");
                    this.useracctxt.Clear();
                    this.pswtxt.Clear();
                    this.useracctxt.Focus();
                }
            }
            catch (Exception)
            {
                MessageBox.Show("数据库无法连接!", "警告!");
            }
        }
        private void cancelbtn_Click(object sender, EventArgs e)
        {
            Application.Exit();
        }
        private void LoginForm_Closing(object sender, FormClosingEventArgs e)
        {
            Application.Exit();
        }
```

```
}
```

2. 权限设置

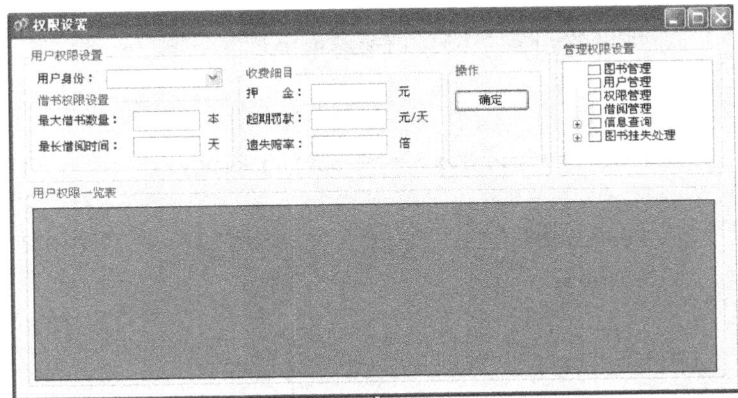

主要代码：

```
public partial class RightSet : Form
    {
        public RightSet()
        {
            InitializeComponent();
        }

        private void RightSet_Load(object sender, EventArgs e)
        {
            this.rightbox.SelectedIndex = 0;
            //this.treeright.ExpandAll();
            Fill();
        }

        private void okbtn_Click(object sender, EventArgs e)
        {
            if (this.txtnum.Text == string.Empty)
            {
                MessageBox.Show("请输入最大借阅图书数量!", "提示!");
                return;
            }
            if (this.txtday.Text == string.Empty)
            {
                MessageBox.Show("请输入最大借阅图书时间!", "提示!");
```

```
        return;
    }
    if (this.txtcost.Text == string.Empty)
    {
        MessageBox.Show("请输入借书押金金额!", "提示!");
        return;
    }
    if (this.txtfine.Text == string.Empty)
    {
        MessageBox.Show("请输入超期罚款金额!", "提示!");
        return;
    }
    if (this.txttim.Text == string.Empty)
    {
        MessageBox.Show("请输入图书遗失罚款倍数!", "提示!");
        return;
    }

    ArrayList arr = new ArrayList();
    foreach (TreeNode nodes in this.treeright.Nodes)
    {
        if (nodes.Checked)
        {
            arr.Add("1");
        }
        else
        {
            arr.Add("0");
        }
        foreach(TreeNode node in nodes.Nodes)
        {
            if (node.Checked)
            {
                arr.Add("1");
            }
            else
            {
                arr.Add("0");
            }
```

```
        }
    }

    string[] a=new string[11];
    for (int i = 0; i < arr.Count; i++)
    {
        if (arr[i].ToString().Trim() == "1")
        {
            a[i] = "yes";
        }
        else
        {
            a[i] = "no";
        }
    }

    string sql = string.Empty;
    sql += " select * from tb_right where uright ='" + this.
    rightbox.Text + "'";
    DataTable dt = DBHelp.ExeOleCommand(sql);

    bool b = false;

    while (dt.Rows.Count ! = 0)
    {
        b = true;
        break;
    }

    string sql1;

    if (b)
    {
        sql1 = "update tb_right set ";
        sql1 += "maxbook='" + this.txtnum.Text + "',";
        sql1 += "maxdate='" + this.txtday.Text + "',";
        sql1 += "rcost='" + this.txtcost.Text + "',";
        sql1 += "rfine='" + this.txtfine.Text + "',";
        sql1 += "rtim='" + this.txttim.Text + "',";
```

```
                sql1 += "rbm='" + a[0] + "',";
                sql1 += "rum='" + a[1] + "',";
                sql1 += "rrm='" + a[2] + "',";
                sql1 += "rborm='" + a[3] + "',";
                sql1 += "ris='" + a[4] + "',";
                sql1 += "rbis='" + a[5] + "',";
                sql1 += "ruis='" + a[6] + "',";
                sql1 += "rboris='" + a[7] + "',";
                sql1 += "rblp='" + a[8] + "',";
                sql1 += "rbl='" + a[9] + "',";
                sql1 += "rlp='" + a[10] + "' ";
                sql1 += "where uright='" + this.rightbox.Text + "'";
            }
            else
            {
                sql1 = "insert into tb_right(uright,maxbook,maxdate,rcost,
rfine,rtim,rbm,rum,rrm,rborm,ris,rbis,ruis,rboris,rblp,rbl,rlp)";
                sql1 += " values('" + this.rightbox.Text + "','" + this.
txtnum.Text + "','" + this.txtday.Text + "','" + this.txtcost.Text + "','" +
this.txtfine.Text + "','" + this.txttim.Text + "','" + a[0] + "','" + a[1] +
"','" + a[2] + "','" + a[3] + "','" + a[4] + "','" + a[5] + "','" + a[6] +
"','" + a[7] + "','" + a[8] + "','" + a[9] + "','" + a[10] + "')";
            }

            DataTable dt1 = DBHelp.ExeOleCommand(sql1);

            Fill();
        }

        private void Fill()
        {
            string sql;
            sql = "select rid as ID号,uright as 用户身份, maxbook as 最大借书
数量,maxdate as 最大借阅时间,rcost as 押金,rfine as 超期罚率,rtim as 遗失赔率,rbm
as 图书管理,rum as 用户管理,rrm as 权限管理,rborm as 借阅管理,ris as 信息查询,rbis
as 图书信息查询,ruis as 用户信息查询,rboris as 借阅历史查询,rblp as 图书挂失处理,
rbl as 图书挂失,rlp as 挂失处理 from tb_right";

            DataTable dt = DBHelp.ExeOleCommand(sql);
```

```
            this.dataGridView1.DataSource = dt;
        }

        private void cell_click(object sender, DataGridViewCellEventArgs e)
        {
            this.rightbox.Text = this.dataGridView1[1, this.dataGridView1.
CurrentCell.RowIndex].Value.ToString().Trim();
            this.txtnum.Text = this.dataGridView1[2, this.dataGridView1.
CurrentCell.RowIndex].Value.ToString().Trim();
            this.txtday.Text = this.dataGridView1[3, this.dataGridView1.
CurrentCell.RowIndex].Value.ToString().Trim();
            this.txtcost.Text = this.dataGridView1[4, this.dataGridView1.
CurrentCell.RowIndex].Value.ToString().Trim();
            this.txtfine.Text = this.dataGridView1[5, this.dataGridView1.
CurrentCell.RowIndex].Value.ToString().Trim();
            this.txttim.Text = this.dataGridView1[6, this.dataGridView1.
CurrentCell.RowIndex].Value.ToString().Trim();

            ArrayList list = new ArrayList();
            string sql = "select * from tb_right where uright='" + this.
rightbox.Text + "'";
            DataTable dt = DBHelp.ExeOleCommand(sql);

            if (dt.Rows.Count != 0)
            {
                for (int i = 0; i < 11; i++)
                {
                    list.Add(dt.Rows[0][7+i].ToString());
                }

                ArrayList arr = new ArrayList();

                foreach (TreeNode nodes in this.treeright.Nodes)
                {
                    arr.Add(nodes);
                    foreach(TreeNode node in nodes.Nodes)
                    {
                        arr.Add(node);
                    }
```

```
                    }

                    for (int i = 0; i < list.Count; i++)
                    {
                        if (list[i].ToString() == "yes")
                        {
                            ((TreeNode)arr[i]).Checked = true;
                        }
                        else
                        {
                            ((TreeNode)arr[i]).Checked = false;
                        }
                    }
                }
            }
```

3. 权限修改

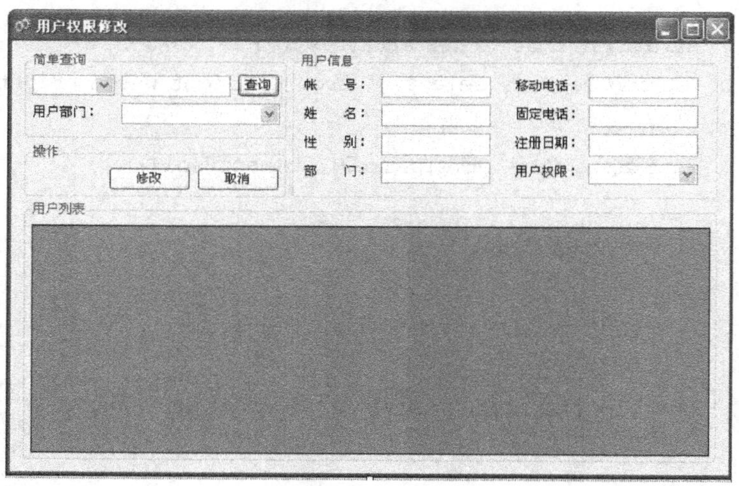

主要代码：

```
public partial class UserRight : Form
    {
        public UserRight()
        {
            InitializeComponent();
        }

        private void btncancel_Click(object sender, EventArgs e)
```

```
        {
            this.Close();
        }

        private void UserRight_Load(object sender, EventArgs e)
        {
            this.checkbox.SelectedIndex = 0;
            this.partbox.SelectedIndex = 0;
        }

        private void Fill()
        {
            if (this.checkbox.Text == "")
            {
                MessageBox.Show("请选择要使用的查询字段!", "提示!");
                return;
            }

            if (this.partbox.Text == "")
            {
                MessageBox.Show("请选择用户所在的部门!", "提示!");
                return;
            }

            string sql = string.Empty;
            sql += "select uid as ID号,uacc as 帐号,uname as 姓名,usex as 性别,upart as 部门,utelphone as 移动电话,uphone as 固定电话,udate as 注册日期,uright as 权限 from tb_user";

            if (this.checktxt.Text != "")
            {
                string c = this.checkbox.SelectedIndex.ToString();

                switch (c)
                {
                    case "0"://用户帐号
                        if (this.checktxt.Text != string.Empty)
                        {
                            sql += " where uacc like '%" + this.checktxt.
```

```
                    Text + "%'";
                }
                break;
            case "1"://用户姓名
                if (this.checktxt.Text != string.Empty)
                {
                    sql += " where uname like '%" + this.checktxt.
                    Text + "%'";
                }
                break;
            default:
                break;
        }

        if (this.partbox.SelectedIndex.ToString() != "0")
        {
            sql += " and upart='" + this.partbox.Text + "'";
        }
    }
    else
    {
        if (this.partbox.SelectedIndex.ToString() != "0")
        {
            sql += " where upart='" + this.partbox.Text + "'";
        }
    }

    sql += " order by uacc asc";

    DataTable dt = DBHelp.ExeOleCommand(sql);
    this.dataGridView1.DataSource = dt;
}

private void checkbtn_Click(object sender, EventArgs e)
{
    Fill();
}

private void cell_click(object sender, DataGridViewCellEventArgs e)
```

```
            {
                this.txtuacc.Text = this.dataGridView1[1,
this.dataGridView1.CurrentCell.RowIndex].Value.ToString().Trim();
                this.txtname.Text = this.dataGridView1[2,
this.dataGridView1.CurrentCell.RowIndex].Value.ToString().Trim();
                this.txtsex.Text = this.dataGridView1[3,
this.dataGridView1.CurrentCell.RowIndex].Value.ToString().Trim();
                this.txtpart.Text = this.dataGridView1[4,
this.dataGridView1.CurrentCell.RowIndex].Value.ToString().Trim();
                this.txttel.Text = this.dataGridView1[5,
this.dataGridView1.CurrentCell.RowIndex].Value.ToString().Trim();
                this.txtphone.Text = this.dataGridView1[6,
this.dataGridView1.CurrentCell.RowIndex].Value.ToString().Trim();
                this.txtdate.Text = this.dataGridView1[7,
this.dataGridView1.CurrentCell.RowIndex].Value.ToString().Trim();
                this.txtright.Text = this.dataGridView1[8,
this.dataGridView1.CurrentCell.RowIndex].Value.ToString().Trim();

                this.txtright.Enabled = true;
            }

            private void btnchange_Click(object sender, EventArgs e)
            {
                if (this.txtuacc.Text == "")
                {
                    MessageBox.Show("执行操作前,请先在下表选择要修改的用户!", "
                    提示!");
                    return;
                }

                DialogResult res;
                  res = MessageBox.Show("您确定要修改该用户吗?", "提示!",
MessageBoxButtons.YesNo);
                if (res == DialogResult.Yes)
                {
                    string sql = string.Empty;
                    sql += "update tb_user set uright='"+this.txtright.Text+"'";
                    sql += " where uacc='"+this.txtuacc.Text+"'";
```

```
                DataTable dt = DBHelp.ExeOleCommand(sql);
                MessageBox.Show("修改成功!","恭喜!");

                Fill();
            }
        }
}
```

4. 添加图书信息

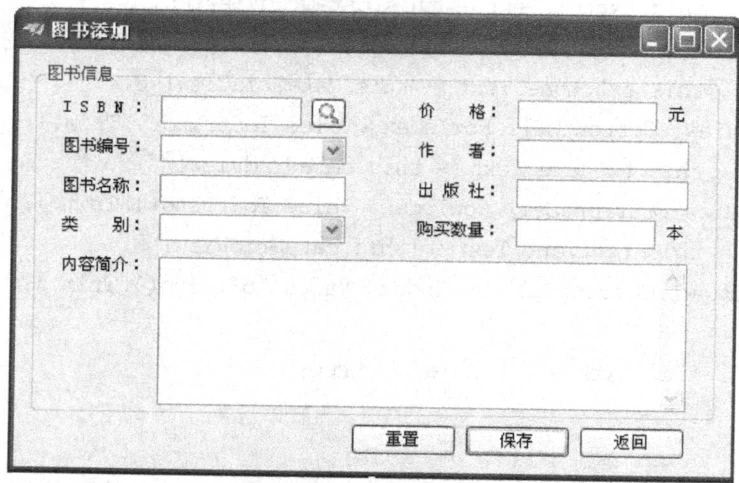

主要代码：

```
public partial class NewBook : Form
    {
        public NewBook()
        {
            InitializeComponent();
        }

        private void retbtn_Click(object sender, EventArgs e)
        {
            this.Hide();
        }

        private void savebtn_Click(object sender, EventArgs e)
        {
            if (this.booknotxt.Text == "")
            {
```

```
        MessageBox.Show("请输入图书的信息!","提示!");
        return;
    }
    if (this.booknametxt.Text == "")
    {
        MessageBox.Show("请输入图书的信息!","提示!");
        return;
    }
    if (this.classtxt.Text == "")
    {
        MessageBox.Show("请输入图书的信息!","提示!");
        return;
    }
    if (this.isbntxt.Text == "")
    {
        MessageBox.Show("请输入图书的信息!","提示!");
        return;
    }
    if (this.bookcosttxt.Text == "")
    {
        MessageBox.Show("请输入图书的信息!","提示!");
        return;
    }
    if (this.bookwritertxt.Text == "")
    {
        MessageBox.Show("请输入图书的信息!","提示!");
        return;
    }
    if (this.bookpubtxt.Text == "")
    {
        MessageBox.Show("请输入图书的信息!","提示!");
        return;
    }
    if (this.numtxt.Text == "")
    {
        MessageBox.Show("请输入图书的信息!","提示!");
        return;
    }
    if (this.notetxt.Text == "")
```

```
{
    MessageBox.Show("请输入图书的信息!", "提示!");
    return;
}


//string pat3 = @"^[\u4e00-\u9fa5]+ $";//全为汉字
//string pat4 = @"^([\u4e00-\u9fa5]+|[A-Za-z]+) $";//汉字或字母
//string pat5 = @"^[\u4e00-\u9fa5]{2,4} $";//两到四位汉字

string pat1 = @"^(\d[-]*){9}[\dxX] $";//图书的 ISBN 号格式 X-XXXX-XXXX-X 或 X-XXX-XXXXX-X(X 为数字,以图书实际 ISBN 号为准)
string pat2 = @"^\+? [1-9][0-9]*$";//正整数
string pat3 = @"^(0|[1-9][0-9]*)(.[0-9]{2})? $";//双精度浮点数


bool m1 = Program.match(this.isbntxt.Text, pat1);
bool m2 = Program.match(this.numtxt.Text, pat2);
bool m3 = Program.match(this.bookcosttxt.Text, pat3);

if (! m1)
{
    MessageBox.Show("图书的 ISBN 号格式为 X-XXXX-XXXX-X 或 X-XXX-XXXXX-X(X 为数字,以图书实际 ISBN 号为准)!", "提示!");
    this.isbntxt.Text = "";
    return;
}
if (! m2)
{
    MessageBox.Show("图书购买数量应为大于 0 的整数!", "提示!");
    this.numtxt.Text = "";
    return;
}
if (! m3)
{
    MessageBox.Show("图书价格应为 XX.XX 元!", "提示!");
    this.bookcosttxt.Text = "";
    return;
}
```

```
            int num;
            num = Convert.ToInt32(this.numtxt.Text);
            for (int i = 1, k = Convert.ToInt32(this.booknotxt.Text); i <= num;
            i++, k++)
            {
                string sql;
                sql = "insert into tb_book(bno,bname,bclass,bisbn,bcost,adder,
adddate,bauthor,bpub,bstate,bnote)"
                      + "values('" + k.ToString() + "','" + this.booknametxt.Text +
"','" + this.classtxt.Text + "','" + this.isbntxt.Text + "','" + this.bookcosttxt.Text
+ "','" + LoginForm.uname + "','" + DateTime.Now.ToString() + "','" + this.
bookwritertxt.Text + "','" + this.bookpubtxt.Text + "','在库','" + this.notetxt.Text +
"')";
                DataTable dt = DBHelp.ExeOleCommand(sql);
            }

            MessageBox.Show("注册成功!", "恭喜!");
            this.Hide();
        }

        private void rebtn_Click(object sender, EventArgs e)
        {
            this.isbntxt.Clear();
            Clears();
        }

        private void Clears()
        {
            this.booknametxt.Clear();
            //this.isbntxt.Clear();
            this.bookcosttxt.Clear();
            this.bookwritertxt.Clear();
            this.bookpubtxt.Clear();
            this.notetxt.Clear();
            this.numtxt.Clear();
        }

        private void NewBook_Load(object sender, EventArgs e)
```

```
{
    /*
    string sql;
    sql = "select bno from tb_book order by bno asc";
    DataTable dt = DBHelp.ExeOleCommand(sql);

    for (int i = 0, k = 10000001; i < 1; i++, k++)
    {
        for (int j = 0; j < dt.Rows.Count; j++)
        {
            if (dt.Rows[j][0].ToString().Trim().Equals(k.ToString()))
                k++;
        }
        this.booknotxt.Items.Add(k.ToString());
    }

    this.booknotxt.SelectedIndex = 0;
    this.classtxt.SelectedIndex = 0;
    */

    string sql;
    sql = "select top 1 bno from tb_book order by bno desc";
    DataTable dt = DBHelp.ExeOleCommand(sql);

    int k;
    for (int i = 0; i < 1; i++)
    {
        if (dt.Rows[0][0].ToString() == "")
        {
            k = 10000001;
        }
        else
        {
            k = Convert.ToInt32(dt.Rows[0][0].ToString());
            k++;
        }
        this.booknotxt.Items.Add(k.ToString());
    }
```

```
            this.booknotxt.SelectedIndex = 0;
            this.classtxt.SelectedIndex = 0;
        }

        private void findbtn_Click(object sender, EventArgs e)
        {
            if (this.isbntxt.Text == "")
            {
                MessageBox.Show("请输入图书的ISBN号!", "提示!");
                return;
            }

            string sql;
            sql = "select * from tb_book where bisbn='" + this.isbntxt.Text + "'";
            OleDbDataReader dr = DBHelp.OleReader(sql);
            dr.Read();

            if (dr.HasRows)
            {
                this.booknametxt.Text = dr["bname"].ToString().Trim();
                this.classtxt.Text = dr["bclass"].ToString().Trim();
                this.bookcosttxt.Text = dr["bcost"].ToString().Trim();
                this.bookwritertxt.Text = dr["bauthor"].ToString().Trim();
                this.bookpubtxt.Text = dr["bpub"].ToString().Trim();
                this.notetxt.Text = dr["bnote"].ToString().Trim();

                MessageBox.Show("找到匹配图书信息,自动填充基本信息,请填充余下
信息!", "提示!");
                this.numtxt.Enabled = true;
            }
            else
            {
                Clears();
                MessageBox.Show("未找到匹配图书信息!","提示!");
                this.booknotxt.Enabled = true;
                this.booknametxt.Enabled = true;
                this.classtxt.Enabled = true;
                this.bookcosttxt.Enabled = true;
                this.bookwritertxt.Enabled = true;
```

```
                this.bookpubtxt.Enabled = true;
                this.numtxt.Enabled = true;
                this.notetxt.Enabled = true;
            }

        }
    }
```

5. 图书信息管理

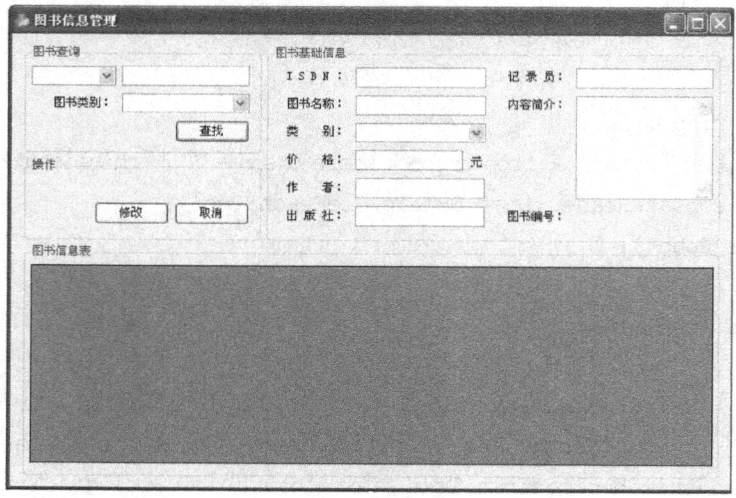

主要代码：

```
public partial class BookManage : Form
    {
        public BookManage()
        {
            InitializeComponent();
        }

        string bookisbn;

        private void BookManage_Load(object sender, EventArgs e)
        {
            this.checkbox.SelectedIndex = 0;
            this.classbox.SelectedIndex = 0;
        }

        private void checkbtn_Click(object sender, EventArgs e)
```

```
        {
            FillGrid();
        }

        private void cell_click(object sender, DataGridViewCellEventArgs e)
        {
            FillInfo();
        }

        private void nobtn_Click(object sender, EventArgs e)
        {
            this.Close();
        }

        private void okbtn_Click(object sender, EventArgs e)
        {

            if (this.nametxt.Text == string.Empty)
            {
                MessageBox.Show("执行操作前,请先选择图书!","提示!");
                return;
            }

                //修改同 ISBN 图书信息
            string sql2= string.Empty;
            sql2 += "update tb_book set bisbn='" + this.isbntxt.Text + "',bname='"
+ this.nametxt.Text + "',bclass='" + this.classtxt.Text + "',bcost=" + this.costtxt.
Text + ",bauthor='" + this.writertxt.Text + "',bpub='" + this.pubtxt.Text + "',adder
='" + this.addertxt.Text + "',bnote='" + this.notetxt.Text + "'";
            sql2 += " where bisbn='" + this.bookisbn + "'";

            DataTable dt2 = DBHelp.ExeOleCommand(sql2);

            string sql5 = string.Empty;
            sql5 += "update tb_borrow set bname='" + this.nametxt.Text + "',
bisbn ='" + this.isbntxt.Text + "'";
            sql5 += " where bisbn='" + this.bookisbn + "'";

            DataTable dt5 = DBHelp.ExeOleCommand(sql5);
```

```
            MessageBox.Show("该类图书信息修改成功!", "提示!");

            this.checktxt.Text = "";
            FillGrid();
            FillInfo();
        }

        private void FillGrid()
        {
            if (this.checkbox.Text == string.Empty)
            {
                MessageBox.Show("请输入你要使用的检索条件!", "提示!");
                return;
            }

            if (this.classbox.Text == string.Empty)
            {
                MessageBox.Show("请输入你要查找的图书类型!", "提示!");
                return;
            }

            string sql = string.Empty;
             sql += "select bid as ID号, bno as 图书编号, bname as 图书名称,
bauthor as 作者, bclass as 类别, bisbn as ISBN号, bcost as 价格,bpub as 出版社,
adder as 记录员, adddate as 入库日期,bnote as 内容简介,bstate as 状态 from tb_
book";

            if (this.checktxt.Text != "")
            {
                string c = this.checkbox.SelectedIndex.ToString();

                switch (c)
                {
                    case "0"://图书名称
                        if (this.checktxt.Text != string.Empty)
                        {
                            sql += "where bname like '%" + this.checktxt.Text
                            + "%'";
                        }
```

```
                break;
            case "1"://图书编号
                if (this.checktxt.Text != string.Empty)
                {
                    sql += " where bno like '%" + this.checktxt.Text +
                    "%'";
                }
                break;
            case "2"://作者
                if (this.checktxt.Text != string.Empty)
                {
                    sql += " where bauthor like '%" + this.checktxt.
                    Text + "%'";
                }
                break;
            case "3"://isbn 号
                if (this.checktxt.Text != string.Empty)
                {
                    sql += " where bisbn like '%" + this.checktxt.Text
                    + "%'";
                }
                break;
            case "4"://出版社
                if (this.checktxt.Text != string.Empty)
                {
                    sql += " where bpub like '%" + this.checktxt.Text
                    + "%'";
                }
                break;
            default:
                break;
        }

        if (this.classbox.SelectedIndex.ToString() != "0")
        {
            sql += " and bclass='" + this.classbox.Text + "'";
        }
    }
    else
```

```
        {
            if (this.classbox.SelectedIndex.ToString() != "0")
            {
                sql += " where bclass='" + this.classbox.Text + "'";
            }
        }

        sql += " order by bno asc";

        DataTable dt = DBHelp.ExeOleCommand(sql);
        this.dataGridView1.DataSource = dt;
    }

    private void FillInfo()
    {
        this.label3.Text = this.dataGridView1[1,
this.dataGridView1.CurrentCell.RowIndex].Value.ToString().Trim();

        this.isbntxt.Text = this.dataGridView1[5,
this.dataGridView1.CurrentCell.RowIndex].Value.ToString().Trim();
        this.nametxt.Text = this.dataGridView1[2,
this.dataGridView1.CurrentCell.RowIndex].Value.ToString().Trim();
        this.classtxt.Text = this.dataGridView1[4,
this.dataGridView1.CurrentCell.RowIndex].Value.ToString().Trim();
        this.costtxt.Text = this.dataGridView1[6,
this.dataGridView1.CurrentCell.RowIndex].Value.ToString().Trim();
        this.writertxt.Text = this.dataGridView1[3,
this.dataGridView1.CurrentCell.RowIndex].Value.ToString().Trim();
        this.pubtxt.Text = this.dataGridView1[7,
this.dataGridView1.CurrentCell.RowIndex].Value.ToString().Trim();
        this.addertxt.Text = this.dataGridView1[8,
this.dataGridView1.CurrentCell.RowIndex].Value.ToString().Trim();
        this.notetxt.Text = this.dataGridView1[10,
this.dataGridView1.CurrentCell.RowIndex].Value.ToString().Trim();

        this.isbntxt.Enabled = true;
        this.nametxt.Enabled = true;
        this.classtxt.Enabled = true;
        this.costtxt.Enabled = true;
```

```
            this.writertxt.Enabled = true;
            this.pubtxt.Enabled = true;
            this.notetxt.Enabled = true;

            this.bookisbn = this.isbntxt.Text;
        }
        }
```

6. 用户信息添加

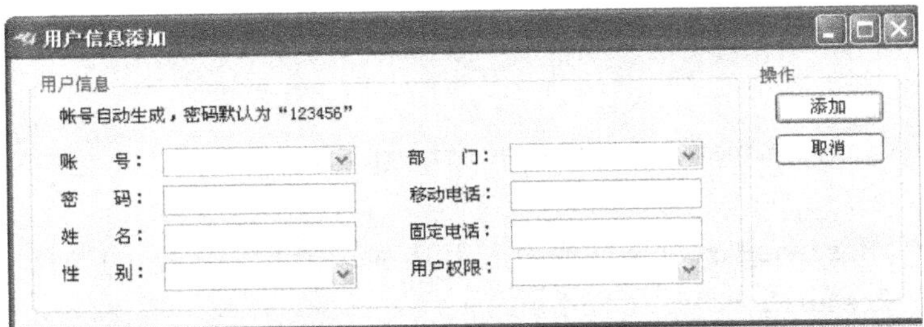

主要代码：

```
public partial class RegisterForm : Form
    {
        public RegisterForm()
        {
            InitializeComponent();
        }

        private void regbtn_Click(object sender, EventArgs e)
        {
            if (this.usernametxt.Text == string.Empty)
            {
                MessageBox.Show("请输入用户姓名!", "提示!");
                return;
            }

            if(this.sextxt.Text== string.Empty)
            {
                MessageBox.Show("请输入用户性别!", "提示!");
                return;
            }
```

```
if (this.partcob.Text == string.Empty)
{
    MessageBox.Show("请输入用户所在部门!", "提示!");
    return;
}

if (this.telphonetxt.Text == string.Empty)
{
    MessageBox.Show("请输入用户移动电话!", "提示!");
    return;
}

if (this.phonetxt.Text == string.Empty)
{
    MessageBox.Show("请输入用户固定电话!", "提示!");
    return;
}

string pat1 = @"^[0-9]{8,11} $ ";

bool m1 = Program.match(this.telphonetxt.Text, pat1);
bool m2 = Program.match(this.phonetxt.Text, pat1);

if (! m1)
{
    MessageBox.Show("电话号码为 8 到 11 位的正整数!","提示!");
    return;
}

if (! m2)
{
    MessageBox.Show("电话号码为 8 到 11 位的正整数!", "提示!");
    return;
}

string sq = string.Empty;
sq += "select * from tb_user";
sq += " where uname='"+this.usernametxt.Text+"' and upart='"+
this.partcob.Text+"' and utelphone='"+this.telphonetxt.Text+"'";
```

```
            DataTable d = DBHelp.ExeOleCommand(sq);

            bool b = false;
            while (d.Rows.Count == 0)
            {
                b = true;
                break;
            }

            if (b)
            {
                string sql = string.Empty;
                sql += " insert into tb_user (uacc, upsw, uname, usex, upart, utelphone,uphone,udate,uright)";
                sql += " values('" + this.useracctxt.Text + "','" + this.pswtxt.Text + "','" + this.usernametxt.Text + "','" + this.sextxt.Text + "','" + this.partcob.Text + "','" + this.telphonetxt.Text + "','" + this.phonetxt.Text + "','" + DateTime.Now.ToString() + "','" + this.rightbox.Text + "')";
                DataTable dt = DBHelp.ExeOleCommand(sql);

                MessageBox.Show("新用户添加成功!", "恭喜!");
                this.Hide();
            }
            else
            {
                MessageBox.Show("该用户已存在!","提示!");
                this.usernametxt.Text = "";
                this.telphonetxt.Text = "";
                this.phonetxt.Text = "";

            }

        }

        private void cancelbtn_Click(object sender, EventArgs e)
        {
            this.Close();
        }
        private void RegisterForm_Load(object sender, EventArgs e)
```

```
        {
            string sql;
            sql = "select top 1 uacc from tb_user order by uacc desc";
            DataTable dt = DBHelp.ExeOleCommand(sql);

            int k;

            for (int i = 0; i < 1; i++)
            {
                if (dt.Rows[0][0].ToString() == "")
                {
                    k = 60000001;
                }
                else
                {
                    k = Convert.ToInt32(dt.Rows[0][0].ToString());
                    k++;
                }
                this.useracctxt.Items.Add(k.ToString());
            }
            this.useracctxt.SelectedIndex = 0;
            this.sextxt.SelectedIndex = 0;
            this.partcob.SelectedIndex = 0;
            this.pswtxt.Text = "123456";
        }

    }
```

7. 用户信息管理

主要代码：

```
public partial class UserList : Form
    {
        public UserList()
        {
            InitializeComponent();
        }

        private void UserList_Load(object sender, EventArgs e)
        {
```

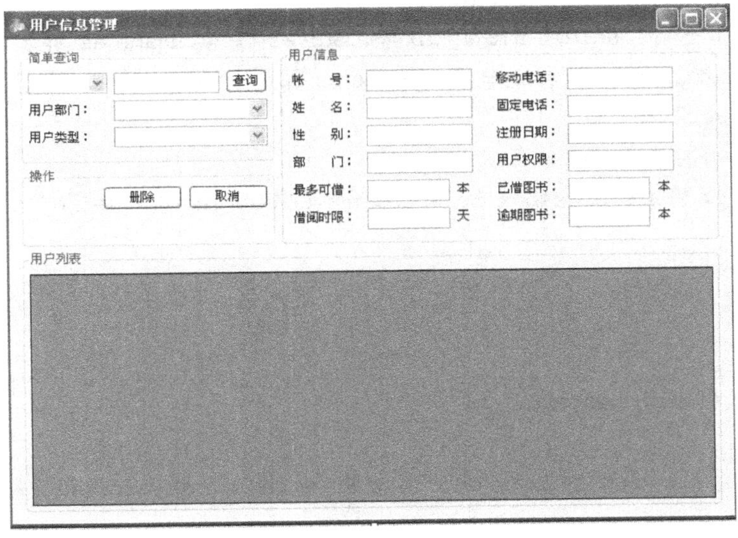


```
        this.checkbox.SelectedIndex = 0;
        this.partbox.SelectedIndex = 0;
        this.classbox.SelectedIndex = 0;
}

private void Fill()
{
        if (this.checkbox.Text == "")
        {
            MessageBox.Show("请选择要使用的查询字段!", "提示!");
            return;
        }

        if (this.partbox.Text == "")
        {
            MessageBox.Show("请选择用户所在的部门!", "提示!");
            return;
        }

        if (this.classbox.Text == "")
        {
            MessageBox.Show("请选择用户的类型!", "提示!");
            return;
        }
```

```
string sql = string.Empty;
sql += "select uid as ID号,uacc as 帐号,uname as 姓名,usex as 性别,upart as 部门,utelphone as 移动电话,uphone as 固定电话,udate as 注册日期,uright as 权限 from tb_user";

//if (this.classbox.SelectedIndex.ToString() != "0")
//{
//    sql += " where uright='" + this.classbox.Text + "'";
//}

if (this.checktxt.Text != "")
{
    string c = this.checkbox.SelectedIndex.ToString();

    switch (c)
    {
        case "0"://用户帐号
            if (this.checktxt.Text != string.Empty)
            {
                sql += " where uacc like '%" + this.checktxt.Text
                + "%'";
            }
            break;
        case "1"://用户姓名
            if (this.checktxt.Text != string.Empty)
            {
                sql += " where uname like '%" + this.checktxt.Text
                + "%'";
            }
            break;
        default:
            break;
    }

    if (this.classbox.SelectedIndex.ToString() != "0")
    {
        sql += " and uright='" + this.classbox.Text + "'";
    }
```

```
                if (this.partbox.SelectedIndex.ToString() ! = "0")
                {
                    sql += " and upart='" + this.partbox.Text + "'";
                }
            }
            else
            {
                //sql += " where upart='" + this.partbox.Text + "'";
                if (this.classbox.SelectedIndex.ToString() ! = "0" &&
this.partbox.SelectedIndex.ToString() ! = "0")
                {
                    sql += " where uright='" + this.classbox.Text + "'";
                    sql += " and upart='" + this.partbox.Text + "'";
                }
                else if (this.classbox.SelectedIndex.ToString() == "0" &&
this.partbox.SelectedIndex.ToString() ! = "0")
                {
                    sql += " where upart='" + this.partbox.Text + "'";
                }
                else if (this.classbox.SelectedIndex.ToString() ! = "0" &&
this.partbox.SelectedIndex.ToString() == "0")
                {
                    sql += " where uright='" + this.classbox.Text + "'";
                }


            }

            sql += " order by uacc asc";

            DataTable dt = DBHelp.ExeOleCommand(sql);
            this.dataGridView1.DataSource = dt;
        }

        private void checkbtn_Click(object sender, EventArgs e)
        {
            Fill();
        }

        private void cell_Click(object sender, DataGridViewCellEventArgs e)
```

```
        {
            this.txtuacc.Text = this.dataGridView1[1,
this.dataGridView1.CurrentCell.RowIndex].Value.ToString().Trim();
            this.txtname.Text = this.dataGridView1[2,
this.dataGridView1.CurrentCell.RowIndex].Value.ToString().Trim();
            this.txtsex.Text = this.dataGridView1[3,
this.dataGridView1.CurrentCell.RowIndex].Value.ToString().Trim();
            this.txtpart.Text = this.dataGridView1[4,
this.dataGridView1.CurrentCell.RowIndex].Value.ToString().Trim();
            this.txttel.Text = this.dataGridView1[5,
this.dataGridView1.CurrentCell.RowIndex].Value.ToString().Trim();
            this.txtphone.Text = this.dataGridView1[6,
this.dataGridView1.CurrentCell.RowIndex].Value.ToString().Trim();
            this.txtdate.Text = this.dataGridView1[7,
this.dataGridView1.CurrentCell.RowIndex].Value.ToString().Trim();
            this.txtright.Text = this.dataGridView1[8,
this.dataGridView1.CurrentCell.RowIndex].Value.ToString().Trim();

            string sql1 = "select maxbook,maxdate from tb_right where uright='" +
this.txtright.Text + "'";

            OleDbDataReader dr1 = DBHelp.OleReader(sql1);
            dr1.Read();

            this.txtmaxbook.Text = dr1["maxbook"].ToString().Trim();
            this.txtmaxdate.Text = dr1["maxdate"].ToString().Trim();

            string sql2 = string.Empty;//已借图书数量
            sql2 += "select count(*) as bornum from tb_borrow";
            sql2 += " where uacc='" + this.txtuacc.Text + "'";
            sql2 += " and borstate <> '已还' and borstate <> '丢失'";
            OleDbDataReader dr2 = DBHelp.OleReader(sql2);
            dr2.Read();

            this.txtbooknum.Text = dr2["bornum"].ToString().Trim();

            int a = Convert.ToInt32(this.txtmaxdate.Text);
            string sql3 = string.Empty;//到期图书数量
            sql3 += "select count(*) as bornum from tb_borrow";
```

```
    sql3 += " where uacc='" + this.txtuacc.Text + "'";
    sql3 += " and borstate <> '已还'";
    sql3 += " and bordate<#" + DateTime.Now.AddDays(-a) + "#";
    OleDbDataReader dr3 = DBHelp.OleReader(sql3);
    dr3.Read();

    this.txtbookout.Text = dr3["bornum"].ToString().Trim();
}

private void cancel_Click(object sender, EventArgs e)
{
    this.Close();
}

private void btndel_Click(object sender, EventArgs e)
{
    if (this.txtuacc.Text == "")
    {
        MessageBox.Show("执行操作前,请先在下表选择要删除的用户!", "
        提示!");
        return;
    }

    DialogResult res;
    res=MessageBox.Show("您确定要删除该用户吗?", "提示!", MessageBoxButtons.
    YesNo);
    if (res == DialogResult.Yes)
    {
        string sql = string.Empty;
        sql += "select * from tb_borrow";
        sql += " where uacc='"+this.txtuacc.Text+"'";
        sql += " and borstate <> '已还'";
        OleDbDataReader dr = DBHelp.OleReader(sql);
        dr.Read();

        if (dr.HasRows)
        {
            MessageBox.Show("该用户尚有图书未还,无法删除!", "提示!");
        }
```

```
        else
        {
            if (this.txtuacc.Text == LoginForm.uacc)
            {
                MessageBox.Show("对不起，自己无法删除自己！", "提示！");
            }
            else
            {
                string sql2 = string.Empty;
                sql2 += "select uright from tb_user";
                sql2 += " where uacc='" + this.txtuacc.Text + "'";

                DataTable dt2 = DBHelp.ExeOleCommand(sql2);

                string xxx = dt2.Rows[0][0].ToString();
                if (xxx == "超级管理员")
                {
                    MessageBox.Show("该用户为超级管理员，无法删除！", "提示！");
                }
                else
                {
                    string str = string.Empty;
                    str += "delete from tb_user where uacc='" + this.txtuacc.
                    Text + "'";

                    DataTable dt = DBHelp.ExeOleCommand(str);

                    MessageBox.Show("该用户已删除！", "提示！");
                    Fill();
                }
            }
        }
    }
}

}
```

8. 图书挂失

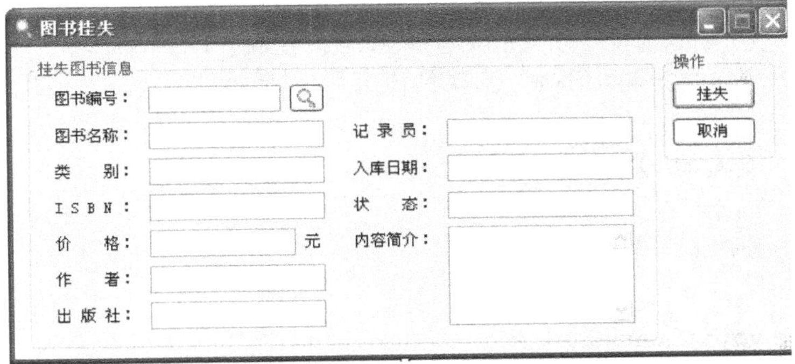

主要代码：

```
public partial class BookLost : Form
    {
        public BookLost()
        {
            InitializeComponent();
        }

        private void FillBook()
        {
            string s = string.Empty;
            s += "select * from tb_book";
            s += " where bno='" + this.notxt.Text + "'";

            OleDbDataReader dr = DBHelp.OleReader(s);
            dr.Read();

            if (dr.HasRows)
            {
                this.nametxt.Text = dr["bname"].ToString().Trim();
                this.classtxt.Text = dr["bclass"].ToString().Trim();
                this.isbntxt.Text = dr["bisbn"].ToString().Trim();
                this.costtxt.Text = dr["bcost"].ToString().Trim();
                this.writertxt.Text = dr["bauthor"].ToString().Trim();
                this.pubtxt.Text = dr["bpub"].ToString().Trim();
                this.addertxt.Text = dr["adder"].ToString().Trim();
                this.adddatetxt.Text = dr["adddate"].ToString().Trim();
                this.bstatetxt.Text = dr["bstate"].ToString().Trim();
```

```
            this.notetxt.Text = dr["bnote"].ToString().Trim();
        }
        else
        {
            MessageBox.Show("未找到该书!", "提示!");

            Clears();
        }
    }

    private void Clears()
    {
        this.notxt.Text = "";
        this.nametxt.Text = "";
        this.classtxt.Text = "";
        this.isbntxt.Text = "";
        this.costtxt.Text = "";
        this.writertxt.Text = "";
        this.pubtxt.Text = "";
        this.addertxt.Text = "";
        this.adddatetxt.Text = "";
        this.bstatetxt.Text = "";
        this.notetxt.Text = "";
    }

    private void checkbookbtn_Click(object sender, EventArgs e)
    {
        if (this.notxt.Text == string.Empty)
        {
            MessageBox.Show("请输入图书的编号!", "提示!");
            return;
        }

        FillBook();
    }

    private void cancel_Click(object sender, EventArgs e)
    {
        this.Close();
```

```
    }

    private void btnok_Click(object sender, EventArgs e)
    {
        if (this.nametxt.Text == "")
        {
            MessageBox.Show("请点击放大镜获取图书信息!", "提示!");
            return;
        }

        if (this.bstatetxt.Text == "在库")
        {
            MessageBox.Show("本次挂失失败,该书并未借出!", "提示!");
            Clears();
        }
        else if (this.bstatetxt.Text == "借出")
        {
            string sql1 = string.Empty;
            sql1 += "update tb_book set bstate='挂失'";
            sql1 += " where bno='" + this.notxt.Text + "'";

            DataTable dt1 = DBHelp.ExeOleCommand(sql1);

            string sql2 = string.Empty;
            sql2 += "update tb_borrow set borstate='挂失'";
            sql2 += " where bno='" + this.notxt.Text + "' and borstate='未还'";

            DataTable dt2 = DBHelp.ExeOleCommand(sql2);

            FillBook();
            MessageBox.Show("挂失操作成功", "提示!");
        }
        else if (this.bstatetxt.Text == "挂失")
        {
            MessageBox.Show("本次挂失失败,挂失处理已经被执行过了!", "提示!");
            Clears();
        }
        else if (this.bstatetxt.Text == "丢失")
        {
```

```
                MessageBox.Show("本次挂失失败,该书已经确认丢失!", "提示!");
                Clears();
            }
        }
    }
```

9. 挂失处理

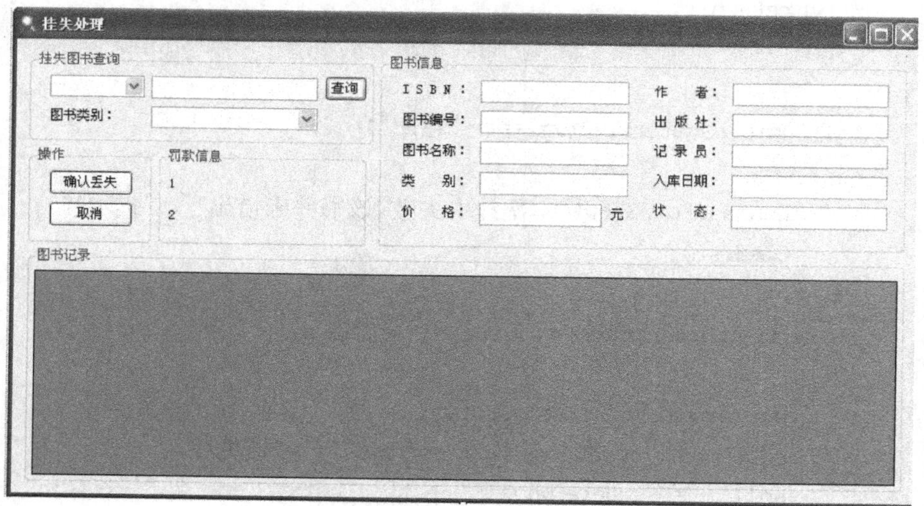

主要代码:

```
public partial class LostPro : Form
    {
        public LostPro()
        {
            InitializeComponent();
        }

        private void Fill()
        {
            if (this.checkbox.Text == string.Empty)
            {
                MessageBox.Show("请输入你要使用的检索条件!", "提示!");
                return;
            }

            if (this.classbox.Text == string.Empty)
            {
                MessageBox.Show("请输入你要查找的图书类型!", "提示!");
```

```
            return;
        }

        string sql = string.Empty;
        sql += "select bid as ID号, bno as 图书编号, bname as 图书名称,bauthor as 作者, bclass as 类别, bisbn as ISBN号, bcost as 价格,bpub as 出版社, adder as 记录员, adddate as 入库日期,bnote as 内容简介,bstate as 状态 from tb_book";
        sql += " where bstate='挂失'";
        string c = this.checkbox.SelectedIndex.ToString();
        string x = this.classbox.SelectedIndex.ToString();

        if (this.checktxt.Text ! = "")
        {
            switch (c)
            {
                case "0"://图书名称
                    if (this.checktxt.Text ! = string.Empty)
                    {
                        sql += " and bname like '%" + this.checktxt.Text + "%'";
                    }
                    break;
                case "1"://图书编号
                    if (this.checktxt.Text ! = string.Empty)
                    {
                        sql += " and bno like '%" + this.checktxt.Text + "%'";
                    }
                    break;
                case "2"://作者
                    if (this.checktxt.Text ! = string.Empty)
                    {
                        sql += " and bauthor like '%" + this.checktxt.Text + "%'";
                    }
                    break;
                case "3"://isbn号
                    if (this.checktxt.Text ! = string.Empty)
                    {
                        sql += " and bisbn like '%" + this.checktxt.Text + "%'";
                    }
                    break;
```

```
                case "4"://出版社
                    if (this.checktxt.Text != string.Empty)
                    {
                        sql += " and bpub like '%" + this.checktxt.Text + "%'";
                    }
                    break;
                default:
                    break;
            }

            if (x != "0")
            {
                sql += " and bclass='" + this.classbox.Text + "'";
            }


        }
        else
        {
            if (x != "0")
            {
                sql += " and bclass='" + this.classbox.Text + "'";
            }
        }

        DataTable dt = DBHelp.ExeOleCommand(sql);
        this.dataGridView1.DataSource = dt;
    }

    private void checkbtn_Click(object sender, EventArgs e)
    {
        Fill();
    }

    private void LostPro_Load(object sender, EventArgs e)
    {
        this.checkbox.SelectedIndex = 0;
        this.classbox.SelectedIndex = 0;
        this.label2.Text = "";
```

```
            this.label3.Text = "";
        }

        private void cell_click(object sender, DataGridViewCellEventArgs e)
        {
            this.isbntxt.Text = this.dataGridView1[5,
this.dataGridView1.CurrentCell.RowIndex].Value.ToString().Trim();
            this.notxt.Text = this.dataGridView1[1,
this.dataGridView1.CurrentCell.RowIndex].Value.ToString().Trim();
            this.nametxt.Text = this.dataGridView1[2,
this.dataGridView1.CurrentCell.RowIndex].Value.ToString().Trim();
            this.classtxt.Text = this.dataGridView1[4,
this.dataGridView1.CurrentCell.RowIndex].Value.ToString().Trim();
            this.costtxt.Text = this.dataGridView1[6,
this.dataGridView1.CurrentCell.RowIndex].Value.ToString().Trim();
            this.writertxt.Text = this.dataGridView1[3,
this.dataGridView1.CurrentCell.RowIndex].Value.ToString().Trim();
            this.pubtxt.Text = this.dataGridView1[7,
this.dataGridView1.CurrentCell.RowIndex].Value.ToString().Trim();
            this.addertxt.Text = this.dataGridView1[8,
this.dataGridView1.CurrentCell.RowIndex].Value.ToString().Trim();
            this.adddatetxt.Text = this.dataGridView1[9,
this.dataGridView1.CurrentCell.RowIndex].Value.ToString().Trim();
            this.bstatetxt.Text = this.dataGridView1[11,
this.dataGridView1.CurrentCell.RowIndex].Value.ToString().Trim();

            string sql = string.Empty;
            sql += "select * from tb_borrow";
            sql += " where bno='" + this.notxt.Text + "' and borstate='挂
失'";
            OleDbDataReader dr = DBHelp.OleReader(sql);
            dr.Read();

            if (dr.HasRows)
            {
                string uacc = dr["uacc"].ToString().Trim();//用户帐号
                string uname = dr["uname"].ToString().Trim();//用户姓名
                this.label2.Text = "帐号:" + uacc + " 姓名:" + uname;
                this.label3.Text = "该用户应缴罚款";
```

```
        }
        else
        {
            this.label2.Text = "";
            this.label3.Text = "";
        }
    }

    private void btncancel_Click(object sender, EventArgs e)
    {
        this.Close();
    }

    private void btnok_Click(object sender, EventArgs e)
    {
        if (this.notxt.Text == "")
        {
            MessageBox.Show("执行操作前,请先选择图书!","提示!");
            return;
        }

        DialogResult result;
        result=MessageBox.Show("确认本书丢失?","提示!",MessageBoxButtons.YesNo);
        if (result == DialogResult.Yes)
        {
            if (this.bstatetxt.Text == "丢失")
            {
                MessageBox.Show("操作失败,该图书已经是丢失状态了!", "提示!");
                return;
            }

            if (this.bstatetxt.Text == "挂失")
            {
                string sql = string.Empty;
                sql += "select * from tb_borrow";
                sql += " where bno='" + this.notxt.Text + "' and borstate='挂
失'";

                OleDbDataReader dr = DBHelp.OleReader(sql);
```

```
dr.Read();

if (dr.HasRows)
{
    string uacc = dr["uacc"].ToString().Trim();//用户帐号
    string uname = dr["uname"].ToString().Trim();//用户姓名

    string sql1 = string.Empty;
    sql1 += "select * from tb_user";
    sql1 += " where uacc='" + uacc + "'";

    OleDbDataReader dr1 = DBHelp.OleReader(sql1);
    dr1.Read();

    string rig = dr1["uright"].ToString().Trim();//用户权限

    string sql2 = string.Empty;
    sql2 += "select rtim from tb_right";
    sql2 += " where uright='" + rig + "'";
    OleDbDataReader dr2 = DBHelp.OleReader(sql2);
    dr2.Read();

    string tim = dr2["rtim"].ToString().Trim();//罚款倍数
    int t = Convert.ToInt32(tim);
    string bcost = this.costtxt.Text;//图书价格
    double c = Convert.ToDouble(bcost);

    double sum = t * c;
    string ss = Convert.ToString(sum);

    this.label2.Text = "帐号:" + uacc + " 姓名:" + uname;
    this.label3.Text = "该用户应缴罚款" + ss + "元";

    string sql3 = string.Empty;
    sql3 += "select brcost from tb_borrow";
    sql3+= "where bno='"+this.notxt.Text+"' and borstate='挂失'";
    OleDbDataReader dr3 = DBHelp.OleReader(sql3);
    dr3.Read();
    string rcost = dr3["brcost"].ToString().Trim();//押金
```

```
                    //
                    string str1 = string.Empty;
                    str1 += "update tb_book set bstate='丢失'";
                    str1 += " where bno='" + this.notxt.Text + "'";

                    DataTable dts1 = DBHelp.ExeOleCommand(str1);

                    string str2 = string.Empty;
                    str2+="update tb_borrow set brcost='0',borstate='丢失'";
                    str2+=" where bno='" + this.notxt.Text+"' and borstate='挂
失'";

                    DataTable dts2 = DBHelp.ExeOleCommand(str2);

                    Fill();
                    bClear();
                    MessageBox.Show("操作成功,归还押金"+rcost+"元,应缴罚款"+
ss+"元!", "提示!");
                }
                //else
                //{
                //    string str = string.Empty;
                //    str += "update tb_book set bstate='丢失'";
                //    str += " where bno='" + this.notxt.Text + "'";

                //    DataTable dts = DBHelp.ExeOleCommand(str);


                //    Fill();
                //    bClear();
                //    MessageBox.Show("操作成功!", "提示!");
                //}
            }
            else
            {
                MessageBox.Show("操作失败,该书并未挂失!","提示!");
            }
        }
```

```
        }

        private void bClear()
        {
            this.isbntxt.Text ="";
            this.notxt.Text = "";
            this.nametxt.Text = "";
            this.classtxt.Text = "";
            this.costtxt.Text = "";
            this.writertxt.Text = "";
            this.pubtxt.Text = "";
            this.addertxt.Text = "";
            this.adddatetxt.Text = "";
            this.bstatetxt.Text = "";
        }

    }
```

10. 借阅历史查询

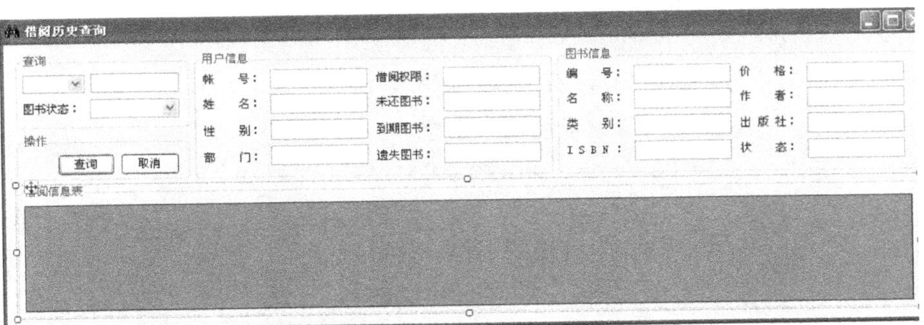

主要代码：

```
public partial class BorrowFrame : Form
    {
        public BorrowFrame()
        {
            InitializeComponent();
        }

        private void BorrowFrame_Load(object sender, EventArgs e)
        {
            this.boxcheck.SelectedIndex = 0;
```

```
            this.boxstate.SelectedIndex = 0;
        }

        private void btncheck_Click(object sender, EventArgs e)
        {
            Fill();
        }
        private void Fill()
        {
            string sql = string.Empty;
            sql += "select borid as ID号,uacc as 用户帐号,uname as 用户姓名,bno as 图书编号,bname as 图书名称,bisbn as ISBN号,brcost as 押金,bordate as 借书日期,retdate as 还书日期,borstate as 状态,brecorder as 借阅记录员 from tb_borrow";

            string m = this.boxcheck.SelectedIndex.ToString();
            string n = this.boxstate.SelectedIndex.ToString();

            if (this.txtcheck.Text.Trim() == "")
            {
                switch (n)
                {
                    //case "0"://全部借阅信息
                    case "1"://未还图书信息
                        sql += " where borstate <> '已还'";
                        break;
                    case "2"://已还图书信息
                        sql += " where borstate='已还'";
                        break;
                    case "3"://挂失图书信息
                        sql += " where borstate='挂失'";
                        break;
                    case "4"://丢失图书信息
                        sql += " where borstate='丢失'";
                        break;
                    default:
                        break;
                }
            }
            else
```

```
{
    switch (m)
    {
        case "0"://用户帐号
            sql += " where uacc like '%" + this.txtcheck.Text + "%'";
            break;
        case "1"://用户姓名
            sql += " where uname like '%" + this.txtcheck.Text + "%'";
            break;
        case "2"://图书编号
            sql += " where bno like '%" + this.txtcheck.Text + "%'";
            break;
        case "3"://图书名称
            sql += " where bname like '%" + this.txtcheck.Text + "%'";
            break;
        default:
            break;
    }

    switch (n)
    {
        case "1"://未还图书信息
            sql += " and borstate <> '已还'";
            break;
        case "2"://已还图书信息
            sql += " and borstate='已还'";
            break;
        case "3"://挂失图书信息
            sql += " and borstate='挂失'";
            break;
        case "4"://丢失图书信息
            sql += " and borstate='丢失'";
            break;
        default:
            break;
    }
}

DataTable dt = DBHelp.ExeOleCommand(sql);
```

```
            this.dataGridView1.DataSource = dt;
        }

        private void cancel_Click(object sender, EventArgs e)
        {
            this.Close();
        }

        private void cell_click(object sender, DataGridViewCellEventArgs e)
        {
            //用户信息
            this.txtuacc.Text = this.dataGridView1[1,
this.dataGridView1.CurrentCell.RowIndex].Value.ToString().Trim();
            this.txtuname.Text = this.dataGridView1[2,
this.dataGridView1.CurrentCell.RowIndex].Value.ToString().Trim();

            string sql1 = string.Empty;
            sql1 += "select usex,upart,uright from tb_user";
            sql1 += " where uacc='" + this.txtuacc.Text + "'";
            OleDbDataReader dr1 = DBHelp.OleReader(sql1);
            dr1.Read();
            if (dr1.HasRows)
            {
                this.txtusex.Text = dr1["usex"].ToString().Trim();
                this.txtupart.Text = dr1["upart"].ToString().Trim();
                this.txturight.Text = dr1["uright"].ToString().Trim();
            }

            string sql2 = string.Empty;//未还图书
            sql2 += "select count(*) as bornum from tb_borrow";
            sql2 += " where uacc='" + this.txtuacc.Text + "'";
            sql2 += " and borstate <> '已还' and borstate <> '丢失'";
            OleDbDataReader dr2 = DBHelp.OleReader(sql2);
            dr2.Read();
            if (dr2.HasRows)
            {
                this.txtnoret.Text = dr2["bornum"].ToString().Trim();
            }
```

```
string sql3 = string.Empty;//遗失图书
sql3 += "select count( * ) as bornum from tb_borrow";
sql3 += " where uacc='" + this.txtuacc.Text + "'";
sql3 += " and borstate='丢失'";
OleDbDataReader dr3 = DBHelp.OleReader(sql3);
dr3.Read();
if (dr3.HasRows)
{
    this.txtlost.Text = dr3["bornum"].ToString().Trim();
}

string maxdate;//最大权限
string sql4 = string.Empty;
sql4 += "select maxdate from tb_right";
sql4 += " where uright='" + this.txturight.Text + "'";
OleDbDataReader dr4 = DBHelp.OleReader(sql4);
dr4.Read();
//if (dr4.HasRows)
//{
maxdate = dr4["maxdate"].ToString().Trim();
//return maxdate;
//}

int max = Convert.ToInt32(maxdate);
string sql5 = string.Empty;//到期图书
sql5 = sql2;
sql5 += " and bordate<#" + DateTime.Now.AddDays(-max) + "#";
OleDbDataReader dr5 = DBHelp.OleReader(sql5);
dr5.Read();
if (dr5.HasRows)
{
    this.txtouttime.Text = dr5["bornum"].ToString().Trim();
}

//图书信息
    this.txtbno.Text = this.dataGridView1[3,
this.dataGridView1.CurrentCell.RowIndex].Value.ToString().Trim();
    this.txtbname.Text = this.dataGridView1[4,
this.dataGridView1.CurrentCell.RowIndex].Value.ToString().Trim();
```

```
        string sql6 = string.Empty;//图书信息
        sql6 += "select bclass,bisbn,bcost,bauthor,bpub from tb_book";
        sql6 += " where bno='" + this.txtbno.Text + "'";
        OleDbDataReader dr6 = DBHelp.OleReader(sql6);
        dr6.Read();
        if (dr6.HasRows)
        {
            this.txtbclass.Text = dr6["bclass"].ToString().Trim();
            this.txtbisbn.Text = dr6["bisbn"].ToString().Trim();
            this.txtbcost.Text = dr6["bcost"].ToString().Trim();
            this.txtbauthor.Text = dr6["bauthor"].ToString().Trim();
            this.txtbpub.Text = dr6["bpub"].ToString().Trim();
            //this.txtbstate.Text=dr6["bstate"].ToString().Trim();
        }

        string sql7 = string.Empty;//图书状态
        sql7 += "select borstate from tb_borrow";
        sql7 += " where bno='" + this.txtbno.Text + "'";
        OleDbDataReader dr7 = DBHelp.OleReader(sql7);
        dr7.Read();
        if (dr7.HasRows)
        {
            this.txtbstate.Text = dr7["borstate"].ToString().Trim();
        }
        }
```

11. 借阅管理

主要代码：

```
public partial class BookBorrow : Form
    {
        public BookBorrow()
        {
            InitializeComponent();
        }

        private void FillUser()
        {
            string sql = string.Empty;
            sql += "select * from tb_user where uacc='" + this.useracctxt.Text + "'";
```

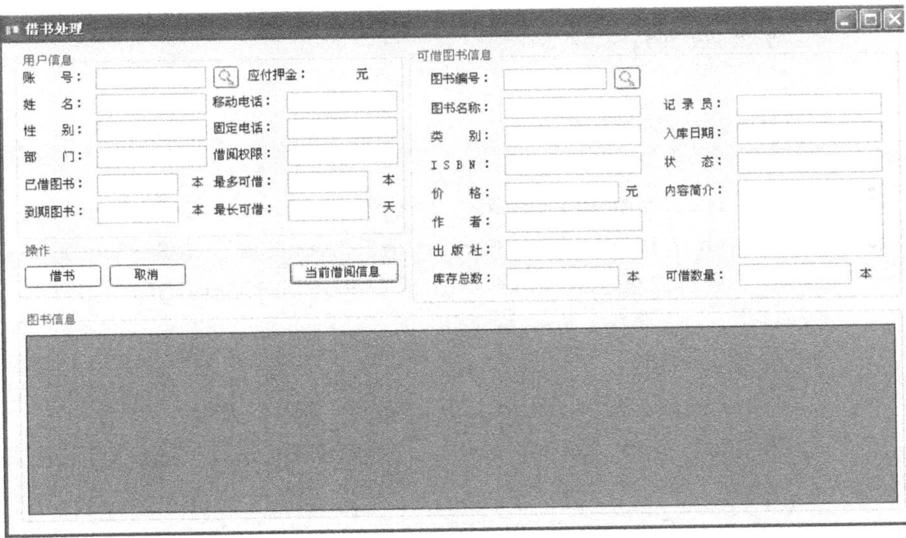


```
OleDbDataReader dr = DBHelp.OleReader(sql);
dr.Read();

if (dr.HasRows)
{
    this.usernametxt.Text = dr["uname"].ToString().Trim();
    this.sextxt.Text = dr["usex"].ToString().Trim();
    this.parttxt.Text = dr["upart"].ToString().Trim();
    this.telphonetxt.Text = dr["utelphone"].ToString().Trim();
    this.phonetxt.Text = dr["uphone"].ToString().Trim();
    this.txtright.Text = dr["uright"].ToString().Trim();

    string sql1 = string.Empty;//已借图书数量
    sql1 += "select count(*) as bornum from tb_borrow";
    sql1 += " where uacc='" + this.useracctxt.Text + "'";
    sql1 += " and borstate <>'已还' and borstate <>'丢失'";
    OleDbDataReader dr1 = DBHelp.OleReader(sql1);
    dr1.Read();

    this.havnumtxt.Text = dr1["bornum"].ToString().Trim();

    string sql2 = string.Empty;//最大借阅权限
    sql2 += "select maxbook,maxdate,rcost from tb_right";
    sql2 += " where uright='" + this.txtright.Text + "'";
```

```
            OleDbDataReader dr2 = DBHelp.OleReader(sql2);
            dr2.Read();

            if (dr2.HasRows)
            {
                this.txtmaxbook.Text = dr2["maxbook"].ToString().Trim();
                this.txtmaxdate.Text = dr2["maxdate"].ToString().Trim();
                this.labcost.Text = dr2["rcost"].ToString().Trim();
            }

            //string sql3 = string.Empty;//到期图书数量
            //DateTime.Now.AddDays(-30)>//当前日期减去借书期限大于借书日期,即为
逾期
            int a = Convert.ToInt32(this.txtmaxdate.Text);
            string sql3 = string.Empty;//到期图书数量
            sql3 = sql1;
            sql3 += " and bordate<#" + DateTime.Now.AddDays(-a) + "#";
            OleDbDataReader dr3 = DBHelp.OleReader(sql3);
            dr3.Read();

            this.canrettxt.Text = dr3["bornum"].ToString().Trim();
        }
        else
        {
            MessageBox.Show("未找到该用户或帐号错误!", "提示!");

            this.usernametxt.Text = "";
            this.sextxt.Text = "";
            this.parttxt.Text = "";
            this.telphonetxt.Text = "";
            this.phonetxt.Text = "";
            this.txtright.Text = "";
            this.havnumtxt.Text = "";
            this.txtmaxbook.Text = "";
            this.txtmaxdate.Text = "";
            this.canrettxt.Text = "";
        }
    }
```

```
private void FillBook()
{
    string sql = string.Empty;
    sql += "select bid as ID号, bno as 图书编号, bname as 图书名称,bauthor as 作者, bclass as 类别, bisbn as ISBN号, bcost as 价格,bpub as 出版社, adder as 记录员, adddate as 入库日期,bnote as 内容简介,bstate as 状态 from tb_book";
    sql += " where bno='" + this.notxt.Text + "'";
    sql += " and bstate='在库'";

    DataTable dt = DBHelp.ExeOleCommand(sql);
    this.dataGridView1.DataSource = dt;

    string s = string.Empty;
    s += "select * from tb_book";
    s += " where bno='" + this.notxt.Text + "'";
    s += " and bstate='在库'";

    OleDbDataReader dr = DBHelp.OleReader(s);
    dr.Read();

    if (dr.HasRows)
    {
        this.nametxt.Text = dr["bname"].ToString().Trim();
        this.classtxt.Text = dr["bclass"].ToString().Trim();
        this.isbntxt.Text = dr["bisbn"].ToString().Trim();
        this.costtxt.Text = dr["bcost"].ToString().Trim();
        this.writertxt.Text = dr["bauthor"].ToString().Trim();
        this.pubtxt.Text = dr["bpub"].ToString().Trim();
        this.addertxt.Text = dr["adder"].ToString().Trim();
        this.adddatetxt.Text = dr["adddate"].ToString().Trim();
        this.bstatetxt.Text = dr["bstate"].ToString().Trim();
        this.notetxt.Text = dr["bnote"].ToString().Trim();

        string sql1 = string.Empty;//库存总数
        sql1 += "select count(*) as bnum from tb_book";
        sql1 += " where bisbn='" + this.isbntxt.Text + "'";
        sql1 += " and bstate <> '丢失'";
        OleDbDataReader dr1 = DBHelp.OleReader(sql1);
        dr1.Read();
```

```
                string sql2 = string.Empty;//可借数目
                sql2 += "select count( * ) as bnum from tb_book";
                sql2 += " where bisbn='" + this.isbntxt.Text + "'";
                sql2 += " and bstate='在库'";
                OleDbDataReader dr2 = DBHelp.OleReader(sql2);
                dr2.Read();

                this.numtxt.Text = dr1["bnum"].ToString().Trim();
                this.cannumtxt.Text = dr2["bnum"].ToString().Trim();
            }
            else
            {
                MessageBox.Show("未找到该书或该书已借出!", "提示!");

                this.nametxt.Text = "";
                this.classtxt.Text = "";
                this.isbntxt.Text = "";
                this.costtxt.Text = "";
                this.writertxt.Text = "";
                this.pubtxt.Text = "";
                this.addertxt.Text = "";
                this.adddatetxt.Text = "";
                this.bstatetxt.Text = "";
                this.notetxt.Text = "";
                this.numtxt.Text = "";
                this.cannumtxt.Text = "";
            }
        }

        private void checkbtn_Click(object sender, EventArgs e)
        {
            if (this.useracctxt.Text == string.Empty)
            {
                MessageBox.Show("请输入用户的帐号!","提示!");
                return;
            }

            FillUser();
        }
```

```
private void checkbookbtn_Click(object sender, EventArgs e)
{
    if (this.notxt.Text == string.Empty)
    {
        MessageBox.Show("请输入图书的编号!","提示!");
        return;
    }

    FillBook();
}

private void cancel_Click(object sender, EventArgs e)
{
    this.Close();
}

private void borrowbtn_Click(object sender, EventArgs e)
{
    if (this.usernametxt.Text == string.Empty || this.nametxt.Text == string.Empty)
    {
        MessageBox.Show("请选择用户或图书!","提示!");
        return;
    }

    DialogResult result;
    result=MessageBox.Show("确认借阅本书?","借书提示!",MessageBoxButtons.
YesNo);
    if (result == DialogResult.Yes)
    {
        //验证用户的借阅权限
        int a = Convert.ToInt32(this.havnumtxt.Text);
        int b = Convert.ToInt32(this.txtmaxbook.Text);
        int c = Convert.ToInt32(this.canrettxt.Text);

        if (a >= b)
        {
            MessageBox.Show("对不起! 该用户最多可借" + this.txtmaxbook.Text
+ "本书!", "提示!");
            return;
```

```
}

if (c > 0)
{
    MessageBox.Show("对不起！该用户有" + this.canrettxt.Text + "本书超期未还！", "提示！");
    return;
}

string strx = string.Empty;
strx += "select count( * ) as num from tb_borrow";
strx += " where uacc='"+this.useracctxt.Text+"' and borstate='挂失'";
OleDbDataReader dx = DBHelp.OleReader(strx);
dx.Read();

string nx = dx["num"].ToString().Trim();
int xx = Convert.ToInt32(nx);

if (xx > 0)
{
    MessageBox.Show("对不起！该用户有" + nx + "本书挂失未还！", "提示！");
    return;
}
//

string sql = string.Empty;
sql += "select * from tb_book where bno='" + this.notxt.Text + "' and bstate='在库'";
DataTable dt = DBHelp.ExeOleCommand(sql);

bool x = false;
while (dt.Rows.Count ! = 0)
{
    x = true;
    break;
}

if (x)
{
```

```
                string sql1 = string.Empty;
                sql1 += "update tb_book set bstate='借出' where bno='" + this.notxt.
Text + "' and bname='" + this.nametxt.Text + "'";

                string sql2 = string.Empty;
                sql2 += "insert into tb_borrow(uacc,uname,bno,bname,bisbn,
brcost,bordate,retdate,borstate,brecorder)";
                sql2 += " values('" + this.useracctxt.Text + "','" + this.
usernametxt.Text + "','" + this.notxt.Text + "','" + this.nametxt.Text + "',
'"+this.isbntxt.Text+"','"+this.labcost.Text+"','" + DateTime.Now.ToString
() + "',null,'未还','" + LoginForm.uname + "')";

                DataTable dt1 = DBHelp.ExeOleCommand(sql1);
                DataTable dt2 = DBHelp.ExeOleCommand(sql2);

                MessageBox.Show("借书成功! 请付押金"+this.labcost.Text+"元", "
                恭喜!");

                FillUser();
                //FillBook();
                this.nametxt.Text = "";
                this.classtxt.Text = "";
                this.isbntxt.Text = "";
                this.costtxt.Text = "";
                this.writertxt.Text = "";
                this.pubtxt.Text = "";
                this.addertxt.Text = "";
                this.adddatetxt.Text = "";
                this.bstatetxt.Text = "";
                this.notetxt.Text = "";
                this.numtxt.Text = "";
                this.cannumtxt.Text = "";
            }
            else
            {
                MessageBox.Show("未找到该书或该书已借出!", "提示!");
                this.nametxt.Text = "";
                this.classtxt.Text = "";
                this.isbntxt.Text = "";
```

```
                this.costtxt.Text = "";
                this.writertxt.Text = "";
                this.pubtxt.Text = "";
                this.addertxt.Text = "";
                this.adddatetxt.Text = "";
                this.bstatetxt.Text = "";
                this.notetxt.Text = "";
                this.numtxt.Text = "";
                this.cannumtxt.Text = "";
            }
        }
    }

    private void nowborrow_Click(object sender, EventArgs e)
    {
        string sql = string.Empty;
        sql += "select borid as 借阅编号,uacc as 用户帐号,uname as 用户姓名,bno as 图书编号,bname as 图书名称,bisbn as ISBN号,brcost as 押金,bordate as 借书日期,borstate as 状态,brecorder as 记录员 from tb_borrow";
        sql += " where borstate <> '已还'";

        DataTable dt = DBHelp.ExeOleCommand(sql);
        this.dataGridView1.DataSource = dt;
    }
```

12. 还书处理

主要代码：

```
public partial class BookReturn : Form
    {
        public BookReturn()
        {
            InitializeComponent();
        }

        private void BookReturn_Load(object sender, EventArgs e)
        {
            this.boxcheck.SelectedIndex = 0;
            this.boxstate.SelectedIndex = 0;
        }
```

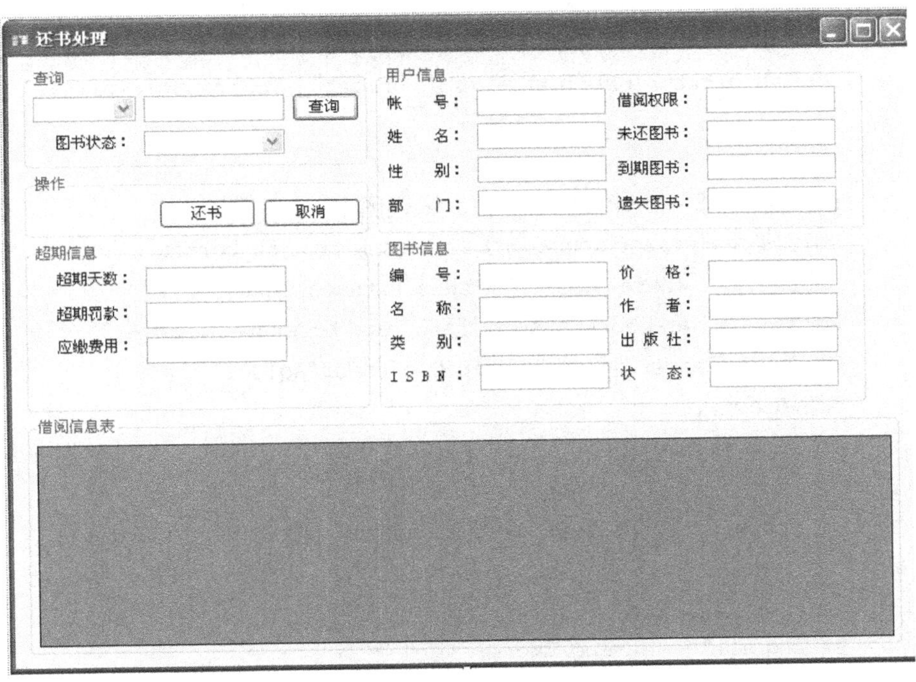


```
private void btncheck_Click(object sender, EventArgs e)
{
    Fill();
}

private void cell_click(object sender, DataGridViewCellEventArgs e)
{
    //用户信息
    this.txtuacc.Text = this.dataGridView1[1,
this.dataGridView1.CurrentCell.RowIndex].Value.ToString().Trim();
    this.txtuname.Text = this.dataGridView1[2,
this.dataGridView1.CurrentCell.RowIndex].Value.ToString().Trim();

    string sql1 = string.Empty;
    sql1 += "select usex,upart,uright from tb_user";
    sql1 += " where uacc='"+this.txtuacc.Text+"'";
    OleDbDataReader dr1 = DBHelp.OleReader(sql1);
    dr1.Read();
    if (dr1.HasRows)
    {
```

```
        this.txtusex.Text = dr1["usex"].ToString().Trim();
        this.txtupart.Text = dr1["upart"].ToString().Trim();
        this.txturight.Text = dr1["uright"].ToString().Trim();
    }

    string sql2 = string.Empty;//未还图书
    sql2 += "select count(*) as bornum from tb_borrow";
    sql2 += " where uacc='"+this.txtuacc.Text+"'";
    sql2 += " and borstate <> '已还' and borstate <> '丢失'";
    OleDbDataReader dr2 = DBHelp.OleReader(sql2);
    dr2.Read();
    if (dr2.HasRows)
    {
        this.txtnoret.Text = dr2["bornum"].ToString().Trim();
    }

    string sql3 = string.Empty;//遗失图书
    sql3 += "select count(*) as bornum from tb_borrow";
    sql3 += " where uacc='" + this.txtuacc.Text + "'";
    sql3 += " and borstate='丢失'";
    OleDbDataReader dr3 = DBHelp.OleReader(sql3);
    dr3.Read();
    if (dr3.HasRows)
    {
        this.txtlost.Text = dr3["bornum"].ToString().Trim();
    }

    string maxdate;//最大权限
    string sql4 = string.Empty;
    sql4 += "select maxdate from tb_right";
    sql4 += " where uright='"+this.txturight.Text+"'";
    OleDbDataReader dr4 = DBHelp.OleReader(sql4);
    dr4.Read();
    //if (dr4.HasRows)
    //{
        maxdate = dr4["maxdate"].ToString().Trim();
        //return maxdate;
    //}
```

```
            int max = Convert.ToInt32(maxdate);
            string sql5 = string.Empty;//到期图书
            sql5 = sql2;
            sql5 += " and bordate<#" + DateTime.Now.AddDays(-max) + "#";
            OleDbDataReader dr5 = DBHelp.OleReader(sql5);
            dr5.Read();
            if (dr5.HasRows)
            {
                this.txtouttime.Text = dr5["bornum"].ToString().Trim();
            }

            //图书信息
            this.txtbno.Text = this.dataGridView1[3,
this.dataGridView1.CurrentCell.RowIndex].Value.ToString().Trim();
            this.txtbname.Text = this.dataGridView1[4,
this.dataGridView1.CurrentCell.RowIndex].Value.ToString().Trim();

            string sql6 = string.Empty;//图书信息
            sql6 += "select bclass,bisbn,bcost,bauthor,bpub from tb_book";
            sql6 += " where bno='"+this.txtbno.Text+"'";
            OleDbDataReader dr6 = DBHelp.OleReader(sql6);
            dr6.Read();
            if (dr6.HasRows)
            {
                this.txtbclass.Text=dr6["bclass"].ToString().Trim();
                this.txtbisbn.Text = dr6["bisbn"].ToString().Trim();
                this.txtbcost.Text=dr6["bcost"].ToString().Trim();
                this.txtbauthor.Text=dr6["bauthor"].ToString().Trim();
                this.txtbpub.Text=dr6["bpub"].ToString().Trim();
                //this.txtbstate.Text=dr6["bstate"].ToString().Trim();
            }

            string sql7 = string.Empty;//图书状态
            sql7 += "select borstate from tb_borrow";
            sql7 += " where bno='" + this.txtbno.Text + "'";
            OleDbDataReader dr7 = DBHelp.OleReader(sql7);
            dr7.Read();
            if (dr7.HasRows)
            {
```

```
            this.txtbstate.Text=dr7["borstate"].ToString().Trim();
        }
    }

    private void btnreturn_Click(object sender, EventArgs e)
    {
        if (this.txtuacc.Text == string.Empty)
        {
            MessageBox.Show("请选择用户!","提示!");
            return;
        }

        if (this.txtbno.Text == string.Empty)
        {
            MessageBox.Show("请选择图书!","提示!");
            return;
        }

        DialogResult result;
        result=MessageBox.Show("确认归还本书?", "还书提示!", MessageBoxButtons.YesNo);
        if (result == DialogResult.Yes)
        {
            string sql = string.Empty;
            sql += "select * from tb_borrow";
            sql += " where bno='" + this.txtbno.Text + "' and borstate='已还'";
            DataTable dt = DBHelp.ExeOleCommand(sql);

            bool b = false;
            while (dt.Rows.Count == 0)
            {
                b = true;
                break;
            }
            if (b)
            {
                string str1 = string.Empty;//验证是否逾期
                str1 += "select maxdate,rfine from tb_right";
                str1 += " where uright='"+this.txturight.Text+"'";
                OleDbDataReader dr1 = DBHelp.OleReader(str1);
```

```
dr1.Read();
string max = dr1["maxdate"].ToString().Trim();
int m = Convert.ToInt32(max);//最大借阅期限

string str2 = string.Empty;
str2 += "select bordate from tb_borrow";
str2+=" where bno='"+ this.txtbno.Text + "' and borstate <>'已还'";
OleDbDataReader dr2 = DBHelp.OleReader(str2);
dr2.Read();
string date = dr2["bordate"].ToString().Trim();
DateTime n = Convert.ToDateTime(date);//借书日期

if (DateTime.Now.AddDays(-m) > n)
{
    DateTime d1 = new DateTime();
    d1 = DateTime.Now;
    DateTime d2 = n;
    TimeSpan ts = new TimeSpan(d1.Ticks-d2.Ticks);
    string day = Convert.ToString(ts.Days);//逾期天数

    this.txtoutday.Text = day;
    this.txtoutcost.Text = dr1["rfine"].ToString().Trim();

    double x = Convert.ToDouble(this.txtoutday.Text);
    double y = Convert.ToDouble(this.txtoutcost.Text);
    double z = x * y;

    this.txtpcost.Text = Convert.ToString(z);

    MessageBox.Show("该书已超期,请按超期信息缴费!","提示!");

    ReturnBook();
}
else
{
    ReturnBook();
}
}
else
```

```
                {
                    MessageBox.Show("还书失败,该书在库中!", "提示!");
                }
            }
        }

        private void ReturnBook()
        {
            string str = string.Empty;
            str += "select brcost from tb_borrow";
            str += " where bno='" + this.txtbno.Text + "' and borstate <> '已
还'";

            OleDbDataReader dr = DBHelp.OleReader(str);
            dr.Read();

            string xx = dr["brcost"].ToString().Trim();

            string sql1 = string.Empty;
            sql1 += "update tb_borrow set retdate='" + DateTime.Now.ToString() + "',
borstate='已还'";
            sql1 +="where bno='"+ this.txtbno.Text +"' and uacc='"+ this.txtuacc.Text
+"'";

            string sql2 = string.Empty;
            sql2 += "update tb_book set bstate='在库'";
            sql2 += " where bno='" + this.txtbno.Text + "'";

            DataTable dt1 = DBHelp.ExeOleCommand(sql1);
            DataTable dt2 = DBHelp.ExeOleCommand(sql2);

            MessageBox.Show("还书成功! 归还您的押金"+xx+"元", "恭喜!");

            Fill();

            string sql3 = string.Empty;//未还图书
            sql3 += "select count( * ) as bornum from tb_borrow";
            sql3 += " where uacc='" + this.txtuacc.Text + "'";
            sql3 += " and borstate <> '已还'";
            OleDbDataReader dr3 = DBHelp.OleReader(sql3);
```

```
            dr3.Read();
            if (dr3.HasRows)
            {
                this.txtnoret.Text = dr3["bornum"].ToString().Trim();
            }

            string sql7 = string.Empty;//图书状态
            sql7 += "select borstate from tb_borrow";
            sql7 += " where bno='" + this.txtbno.Text + "'";
            OleDbDataReader dr7 = DBHelp.OleReader(sql7);
            dr7.Read();
            if (dr7.HasRows)
            {
                this.txtbstate.Text = dr7["borstate"].ToString().Trim();
            }
        }

        private void Fill()
        {
            string sql = string.Empty;
            sql += "select borid as ID号,uacc as 用户帐号,uname as 用户姓名,bno as 图书编号,bname as 图书名称,bisbn as ISBN号,brcost as 押金,bordate as 借书日期,retdate as 还书日期,borstate as 状态,brecorder as 借阅记录员 from tb_borrow";

            string m = this.boxcheck.SelectedIndex.ToString();
            string n = this.boxstate.SelectedIndex.ToString();

            if (this.txtcheck.Text.Trim() == "")
            {
                switch (n)
                {
                    //case "0"://全部借阅信息
                    case "1"://未还图书信息
                        sql += " where borstate <> '已还'";
                        break;
                    case "2"://已还图书信息
                        sql += " where borstate='已还'";
                        break;
                    case "3"://挂失图书信息
```

```
                sql += " where borstate='挂失'";
                break;
            case "4"://丢失图书信息
                sql += " where borstate='丢失'";
                break;
            default:
                break;
        }
    }
    else
    {
        switch (m)
        {
            case "0"://用户帐号
                sql += " where uacc like '%" + this.txtcheck.Text + "%'";
                break;
            case "1"://用户姓名
                sql += " where uname like '%" + this.txtcheck.Text + "%'";
                break;
            case "2"://图书编号
                sql += " where bno like '%" + this.txtcheck.Text + "%'";
                break;
            case "3"://图书名称
                sql += " where bname like '%" + this.txtcheck.Text + "%'";
                break;
            default:
                break;
        }

        switch (n)
        {
            case "1"://未还图书信息
                sql += " and borstate <> '已还'";
                break;
            case "2"://已还图书信息
                sql += " and borstate='已还'";
                break;
            case "3"://挂失图书信息
                sql += " and borstate='挂失'";
```

```
                break;
            case "4"://丢失图书信息
                sql += " and borstate='丢失'";
                break;
            default:
                break;
        }
    }

    DataTable dt = DBHelp.ExeOleCommand(sql);
    this.dataGridView1.DataSource = dt;
}

private void cancel_Click(object sender, EventArgs e)
{
    this.boxcheck.SelectedIndex = 0;
    this.boxstate.SelectedIndex = 0;
    this.txtcheck.Text = "";
}
}
```